フェレット 飼育バイブル

長く元気に暮らす50のポイント

田園調布動物病院院長 **田向健一** 監修

メイツ出版

はじめに

近年、エキゾチックアニマルと呼ばれる動物たちを飼育する人が増加しています。エキゾチックアニマルとは、「犬猫以外でペットとして飼育される動物」を指しています。これから紹介するフェレットもエキゾチックアニマルのひとつです。

フェレットはもともと野生には存在せず、ヨーロッパに生息するヨーロッパケナガイタチやステップケナガイタチを人が長い年月をかけて家畜化した動物です。エキゾチックアニマルと言うと原種や野生種が多い中、オオカミから犬、ベンガルヤマネコから猫と同じ立ち位置の大変飼育に向いたペットになります。

フェレットはその黒目がちな目、美しい被毛、活発で明るい性格、1キロ程度になる大きさなど他の小動物にはないたくさんの魅力を持ち合わせています。近年では、さまざまな毛色のものが出回っており、気に入ったカラーを選ぶ楽しみ

もあります。

その一方、歳をとってくると、さまざまな病気に罹患しやすく、高齢になると動物病院に通う機会が増えていくことがあります。飼育にはしっかりと愛情をもって、末永く付き合っていく覚悟が必要です。

我が国では、ペットとしてのフェレットの歴史は30年程で、犬猫と比べても食事や病気などを含め情報がとても少ないのが現状です。本書制作にあたり、フェレットをこれから飼いたい方やすでに飼われている方に向け、今までわかっていること、飼育管理から最期の看取りまで50のポイントを1冊にまとめました。

本書をきっかけにフェレットが健康で長生きできる一助になれば監修者としてこれほど嬉しいことはありません。

田向健一

本書の見方

本書はフェレットの適切な飼育法をテーマごとに紹介しています。
ポイントはもちろん、注意することや困ったときの対策などを確認し、
素敵なフェレットとの暮らしを楽しみましょう。

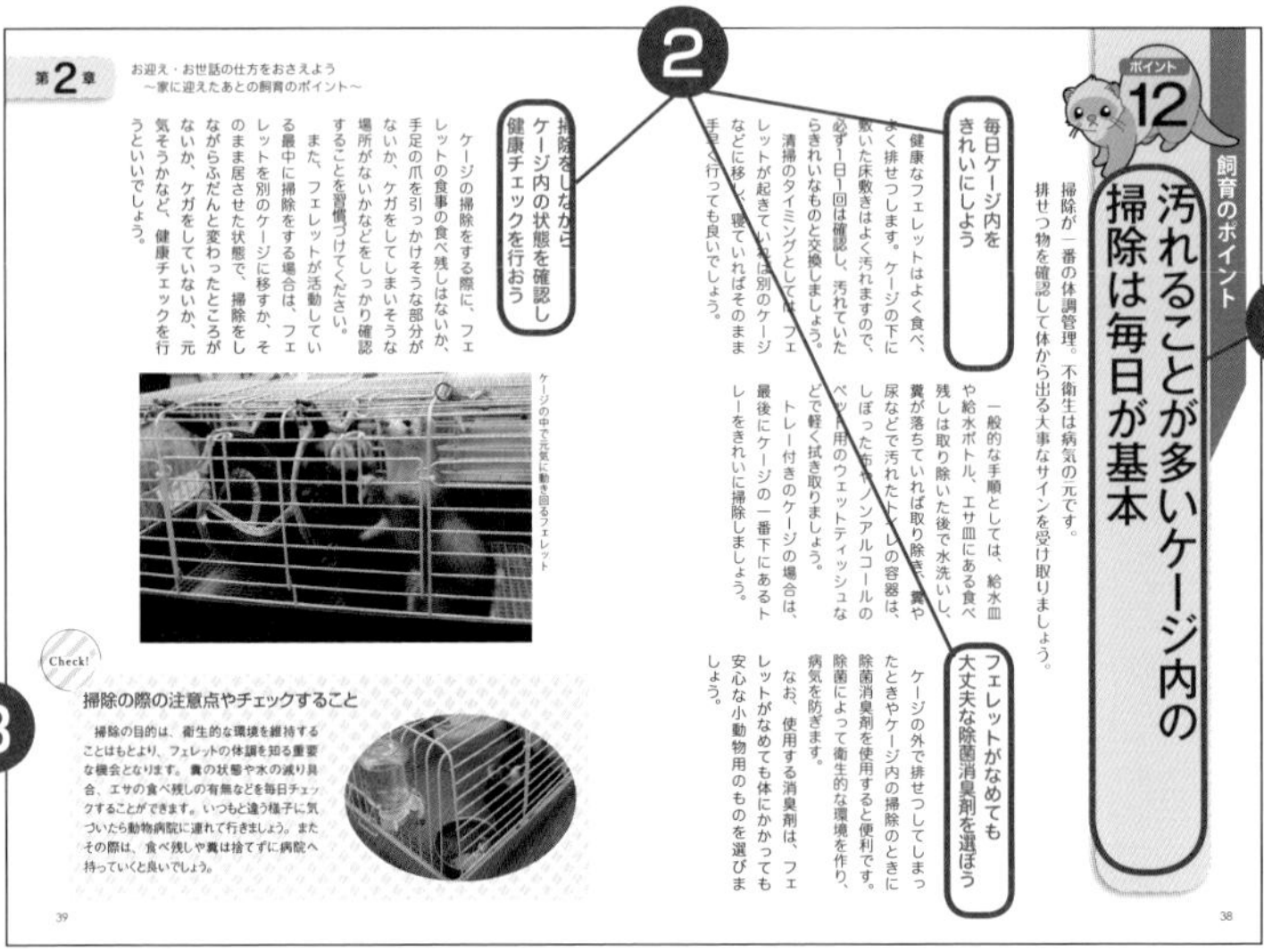

第2章 お迎え・お世話の仕方をおさえよう ～家に迎えたあとの飼育のポイント～

飼育のポイント
ポイント 12

汚れることが多いケージ内の掃除は毎日が基本

掃除が一番の体調管理。不衛生は病気の元です。排せつ物を確認して体から出る大事なサインを受け取りましょう。

毎日ケージ内をきれいにしよう

健康なフェレットはよく食べ、よく排せつします。ケージの下に敷いた床敷きはよく汚れますので、必ず1日1回は確認し、汚れていたらきれいなものと交換しましょう。

清掃のタイミングとしては、フェレットが起きている時は別のケージなどに移し、寝ていればそのまま手早く行っても良いでしょう。

一般的な手順としては、給水皿や給水ボトル、エサ皿にある食べ残しは取り除いた後で水洗いし、糞が落ちていれば取り除き、糞や尿などで汚れたトイレの容器は、しぼったタオルやノンアルコールのペット用のウェットティッシュなどで軽く拭き取りましょう。

トレー付きのケージの場合は、最後にケージの一番下にあるトレーをきれいに掃除しましょう。

フェレットがなめても大丈夫な除菌消臭剤を選ぼう

ケージの外で排せつしてしまったときやケージ内の掃除のときに除菌消臭剤を使用すると便利です。除菌によって衛生的な環境を作り、病気を防ぎます。

なお、使用する消臭剤は、フェレットがなめても体にかかっても安心な小動物用のものを選びましょう。

掃除をしながらケージ内の状態を確認し健康チェックを行おう

ケージの掃除をする際に、フェレットの食事の食べ残しはないか、手足の爪を引っかけそうな部分がないか、ケガをしてしまいそうな場所がないかなどをしっかり確認することを習慣づけてください。

また、フェレットが活動している最中に掃除をする場合は、フェレットを別のケージに移すか、そのまま居させた状態で、掃除をしながらふだんと変わったところがないか、ケガをしていないか、元気そうかなど、健康チェックを行うといいでしょう。

ケージの中で元気に動き回るフェレット

Check! **掃除の際の注意点やチェックすること**

掃除の目的は、衛生的な環境を維持することはもとより、フェレットの体調を知る重要な機会となります。糞の状態や水の減り具合、エサの食べ残しの有無などを毎日チェックすることができます。いつもと違う様子に気づいたら動物病院に連れて行きましょう。また、その際は、食べ残しや糞は捨てずに病院へ持っていくと良いでしょう。

38 39

❶ 各ページのテーマ
飼育者がもつ疑問や目的別に50のポイントでまとめられています。

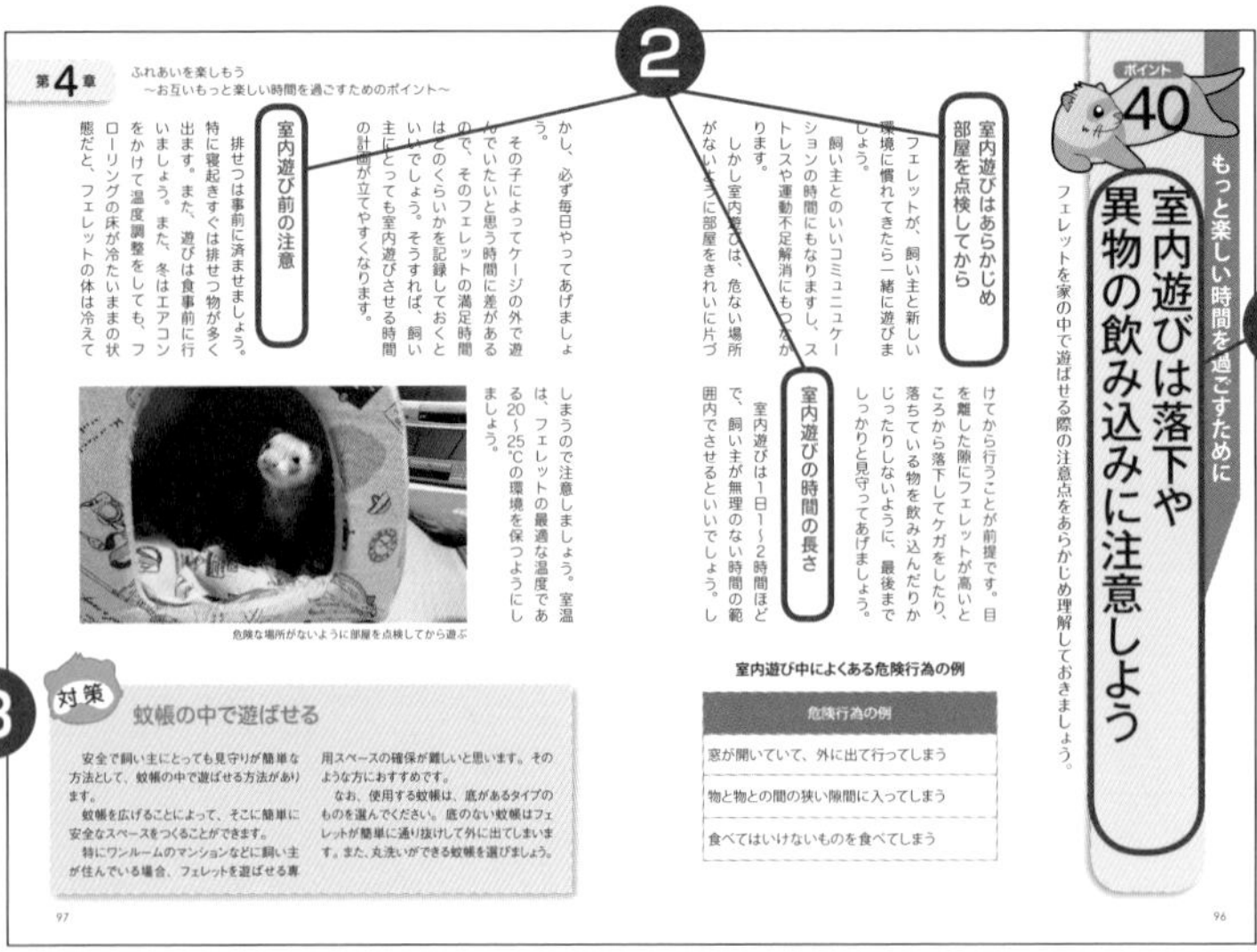

第4章 ふれあいを楽しもう ～お互いもっと楽しい時間を過ごすためのポイント～

もっと楽しい時間を過ごすために
ポイント 40

室内遊びは落下や異物の飲み込みに注意しよう

フェレットを家の中で遊ばせる際の注意点をあらかじめ理解しておきましょう。

室内遊びはあらかじめ部屋を点検してから

フェレットが、飼い主と新しい環境に慣れてきたら一緒に遊びましょう。

飼い主とのいいコミュニケーションの時間にもなりますし、ストレスや運動不足解消にもつながります。

しかし室内遊びは、危ない場所がないように部屋をきれいに片づけてから行うことが前提です。目を離した隙にフェレットが高いところから落下してケガをしたり、落ちている物を飲み込んだりかじったりしないように、最後までしっかりと見守ってあげましょう。

室内遊びの時間の長さ

室内遊びは1日1～2時間ほどで、飼い主が無理のない時間の範囲内でさせるといいでしょう。しかし、必ず毎日やってあげましょう。

その子によってケージの外で遊んでいたいと思う時間に差があるので、そのフェレットの満足時間はどのくらいかを記録しておくといいでしょう。そうすれば、飼い主にとっても室内遊びさせる時間の計画が立てやすくなります。

室内遊び前の注意

排せつは事前に済ませましょう。特に寝起きすぐは排せつ物が多く出ます。また、遊びは食事前に行いましょう。また、冬はエアコンをかけて温度調整をしても、フローリングの床が冷たいままの状態だと、フェレットの体は冷えてしまうので注意しましょう。室温は、フェレットの最適な温度である20～25℃の環境を保つようにしましょう。

危険な場所がないように部屋を点検してから遊ぶ

室内遊び中によくある危険行為の例

危険行為の例
窓が開いていて、外に出て行ってしまう
物と物との間の狭い隙間に入ってしまう
食べてはいけないものを食べてしまう

対策 **蚊帳の中で遊ばせる**

安全で飼い主にとっても見守りが簡単な方法として、蚊帳の中で遊ばせる方法があります。

蚊帳を広げることによって、そこに簡単に安全なスペースをつくることができます。

特にワンルームのマンションなどに飼い主が住んでいる場合、フェレットを遊ばせる専用スペースの確保が難しいと思います。そのような方におすすめです。

なお、使用する蚊帳は、底があるタイプのものを選んでください。底のない蚊帳はフェレットが簡単に通り抜けして外に出てしまいます。また、丸洗いができる蚊帳を選びましょう。

96 97

❷ 小見出し
テーマに対する具体的な内容を、2～7つの視点で解説しています。

❸ Check! もしくは対策

そのテーマによって「Check!」もしくは「対策」のコーナーを設けております。
Check! は、テーマに対する注意点を中心に紹介しております。
対策は、テーマに対して打つべき対策を中心に紹介しております。

フェレット飼育バイブル　長く元気に暮らす50のポイント

目次

第2章 お迎え・お世話の仕方をおさえよう
～家に迎えたあとの飼育のポイント～

第3章 住む環境を見直そう
～住環境を改善するためのポイント～

第4章 ふれあいを楽しもう
～お互いもっと楽しい時間を過ごすためのポイント～

第5章 高齢化、健康維持と病気・災害時等への対処ほか
～大切なフェレットを守るポイント～

第1章

フェレットとの暮らしの基本を見直そう

～お迎えの準備のポイント～

ポイント 1

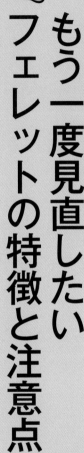

もう一度見直したい フェレットの特徴と注意点

外来種であるフェレットは日本ではまだ飼った経験のない人が多い動物です。歴史や習性を紐解くことでその素顔を探ってみましょう。

野生の原種はヨーロッパ

現在、ペットとして飼われているフェレットは、ヨーロッパケナガイタチまたはステップケナガイタチから家畜化され、さらに品種改良されたものです。ペットとして飼われ始めたのは中世ヨーロッパ時代だとされていますが、エジプトやヨーロッパで3000年以上前から家畜として飼育されており、現在ではペットおよびペット以外のさまざまな目的（主に狩猟・実験動物・毛皮採取用として）で世界中で飼われています。野生では生息していません。

好奇心旺盛な肉食動物

フェレットは目に入る物すべてに関心を持つといっても過言ではないほど、好奇心が旺盛です。しかも怖さを感じません。ですので、例えばそこにカーテンがあればよじ登ったり、登った高い場所からダイビングしようとしたり、狭い隙間があればそこに入ろうとしたり、落ちている物（地面にある物／コードなど）は噛んだりしてしまいます。この性質は天性のものと思われます。食性は完全な肉食動物です。

単独でも複数でも

もともとイタチの仲間は、その

多くが単独生活をします。フェレットも基本的には単独飼育が向いていますが、複数飼育も可能です。ただし複数飼育の場合は、個体同士の相性が重要です。中には攻撃的な個体もいますので、もし複数飼育する中でそのような個体がいたら別のケージに入れるなどをして他の個体と離しておきましょう。

フェレットは夜行性？

もともと夜行性の動物ですが、睡眠時間が長いため（一般的には、睡眠時間は18～20時間）、深夜に騒がしいということはあまりありません。次の【対策】でも述べますが、人の生活リズムに合わせることができる動物です。

フェレットは好奇心旺盛で夜行性

対策 飼い主の生活リズムに影響される

フェレットは飼い主の生活リズムに合わせて生活することができる動物です。飼い主が、毎日同じ時間に起床し、同じ時間に就寝するといった規則正しい生活リズムをしているのであれば、フェレットも同じように過ごして健康的な生活ができます。しかし、飼い主自身が不規則な生活の場合、それに合わせようとして、フェレットの生活リズムが崩れ、体調を崩してしまうことがあるため、飼い主自身もできるだけ規則的な生活リズムを維持できるようにしましょう。また、フェレットの体調を整えるうえでは、朝は日の光を感じさせ、夜はいつまでも部屋のライトで明るいままにせずに、暗くしてあげることが大切です。

カラーバリエーション

フェレットのさまざまなカラーをご紹介します。

セーブル

もともとの野生のケナガイタチの色合いで、目の周りや手足、胴体、尾が濃いめの茶もしくは黒い。スタンダードな色です。

ブラックセーブル

セーブルより体の色が濃く、鼻の色が黒いのが特徴です。

バタースコッチ

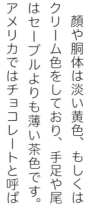

顔や胴体は淡い黄色、もしくはクリーム色をしており、手足や尾はセーブルよりも薄い茶色です。アメリカではチョコレートと呼ばれています。

ブレイズ

頭の中心から後頭部と肩にかけて白い線が入っているのが特徴です。腹部の模様は個体によってさまざまなバリエーションがあります。

シルバーミット

体色は茶色ではなくグレー系で、手足に白い手袋を付けているような模様が特徴です。毛の色が薄く全身が白っぽい場合は「スターリングシルバー」と呼ばれます。

ポイント 2

フェレットは天真爛漫で活発

ふだんから天真爛漫で活発に行動するフェレット。
そうした行動を支えている体の各部位の働き・特徴を知っておきましょう。

①視覚

顔の両脇に丸い目を持ちます。明るい場所ではそれほどの視力はありませんが、暗い場所では良く見えます。それは、眼球に輝板（タペタム／眼球内にある光を反射する薄い膜）があり、その働きでどんな暗闇でもわずかな光があればものを見ることができるのです。

②聴覚

聴力もそれほど良いわけではありません。

③嗅覚

視力、聴力が良くないために、その分嗅覚はとても敏感です。家の中での飼育では、強い香水や芳香剤などの臭いはストレスの原因となりますので気をつけましょう。

身体の平均値

体の大きさ
頭胴長 30 ～ 50cm ／尾長 7 ～ 10cm

体　重
オス：1 ～ 1.2kg ／メス：0.6 ～ 0.8kg
（標準的なマーシャルフェレットの場合）

寿　命：約 6 ～ 10 年

心拍数：180 ～ 250 回／分

呼吸数：33 ～ 36 回／分

体　温：約 38 ～ 40℃（直腸温）

④ひげ

大切な感覚器官で、物の大きさや道の幅、広さを判断します。

⑤尻尾

尾はバランスを取ったり、体を支えたりといった役割を担うことのほか、感情を伝えるツールにもなります。

⑥腸

小腸と大腸合わせて2メートル余りで、エサの消化管通過時間は約3時間から4時間程度で糞として排泄されます。

⑦その他

発汗などの体温を調整する汗腺はありません。特に温度管理には注意が必要です。

斜め横

横

その後のお付き合いを考えて、どこからお迎えするかを考えよう

フェレットをお迎えするには、フェレット専門店や一般のペットショップ、里親募集で譲ってもらうなどの方法があります。

どこからお迎えするかは慎重に選ぼう

お迎え先を間違えて「こんなはずじゃなかった」という結果になってしまっては本末転倒です。どこからお迎えするかは慎重に考えて選ぶようにしましょう。

また、自分でもフェレットについて事前に勉強しておき、知識を蓄えておいてください。そして、自分と相性の合うフェレットを時間をかけて探しましょう。

フェレット専門店からお迎えする場合

フェレット専門店は個体かつ種類が豊富で、ショップスタッフは、フェレットの専門的な知識を持つ人も多いです。また、豊富な品揃えで、フェレット専用グッズの販売がされていることも魅力です。飼育前のアドバイスももらえて、あとで何か困ったことが起きても質問や相談などができてとても安心です。

一般のペットショップからお迎えする場合

親身になって対応してもらえるペットショップを選ぶと飼育前のアドバイスももらえて、あとで何か困ったことが起きても質問や相談などができてとても安心です。

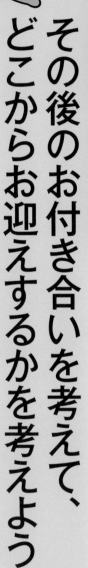

また、こちらも、フェレットの飼育に必要なグッズを一緒に購入できるというメリットもあります。

里親募集でお迎えする場合

里親募集の場合は、事前に有料なのか無料で譲ってもらえるのかを確認する必要があります。譲ってもらうときに個体の性格や個性についても詳しく話を伺っておきましょう。また、受け渡し方法をどうするかも事前にしっかり確認して、お迎えの準備をしましょう。

Check!

フェレットを迎え入れる前の重要な確認

フェレットをショップなどからお迎えする場合に、必ず相手に確認することがあります。それは、その個体がどのファームで生まれたか（ファームに関してはポイント4【check!】参照）を確認しましょう。

そしてそこでの大事な点は、①すでに避妊・去勢手術は済んでいるか、②臭腺摘出手術は済んでいるか、③ワクチンの接種は済んでいるか（ポイント43参照）、ということを確認してください。もしもそれらが済んでいないとなると、お迎えした後に飼い主さんが金銭の負担をしてそれらを済ませなければならなくなります。ちなみに、それらが輸入前に済んでいるフェレットを「スーパーフェレット」、済んでいないフェレットを「ノーマルフェレット」と呼びます。

ポイント 4

オスはおっとり、メスは気が強い傾向がある

フェレットのオスとメスの基本的な性格や身体的特徴を知っておきましょう。

オスとメスの性格の違い

多くの飼い主が実際に飼育している際に感じていることとして、性別による違いは、オスは温厚でおっとりしているという傾向を持ち、メスは気が強い傾向があるということです。

オスとメスの違いよりも個性を知ることが大事

オスとメスは一般的には前述したような性格的な特徴を持ちますが、フェレットそれぞれの個性によっても違うことを理解しておく必要があります。

人間と同じように、オスのような性格のメスやメスのようなオスもいます。

大切なことは、オスかメスかではなく、飼っているフェレットの個性をしっかりと理解して付き合っていくことです。

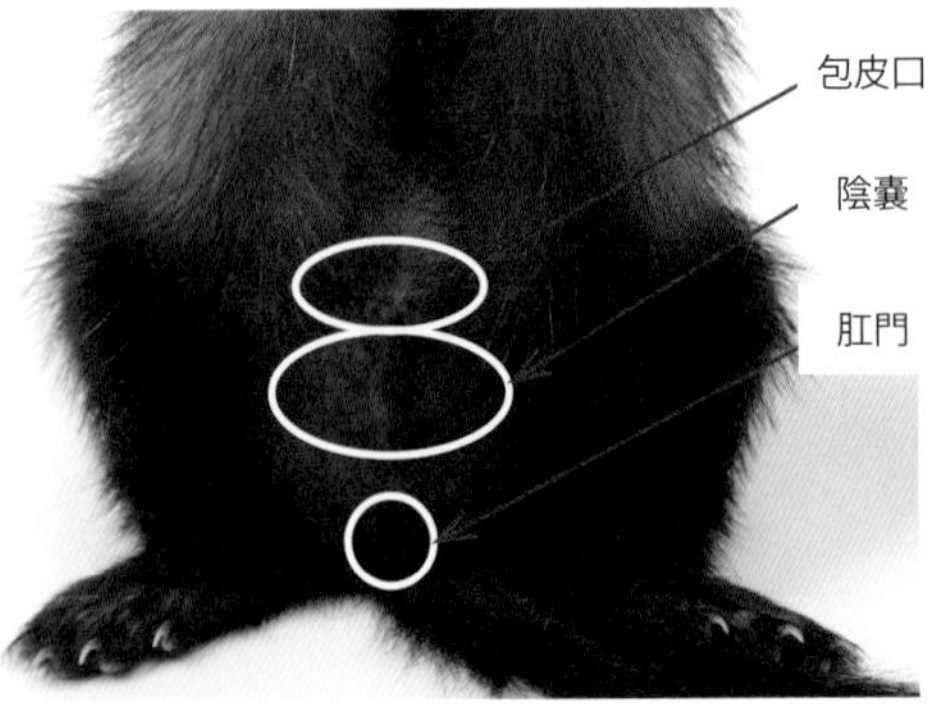

オスの陰部

性別の見分け方

オスはメスよりも生殖器と肛門が離れています。

体格差によっても判断ができます。成獣になると、オスはメスよりも1・5倍ほど体が大きくなります。

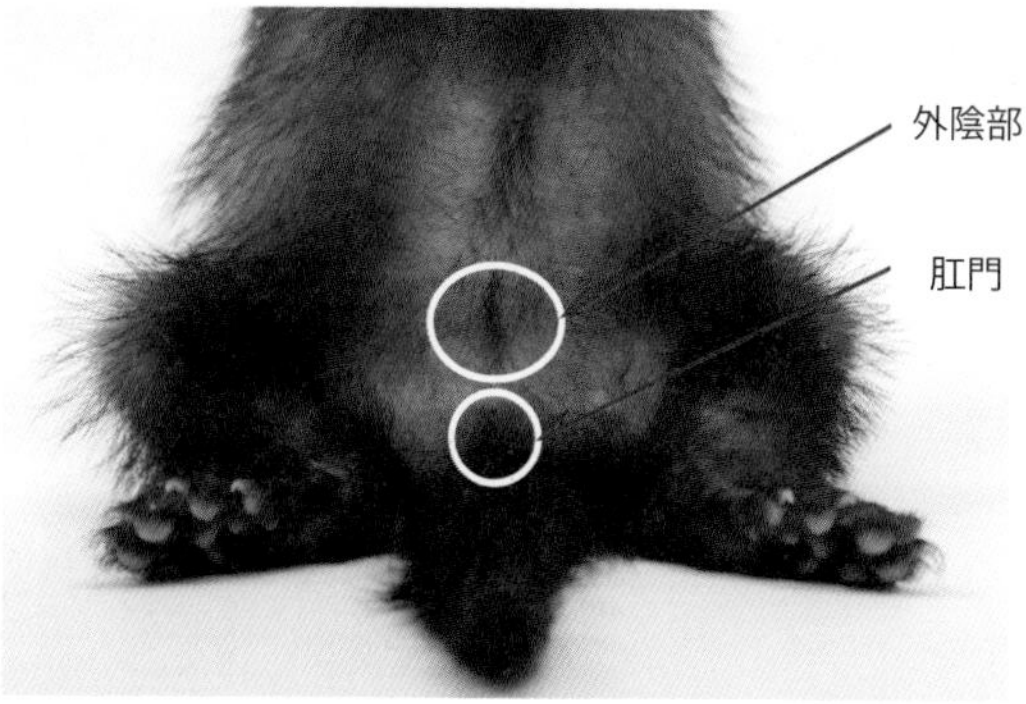

メスの性器

Check!

フェレットのファーム

日本のペットショップで売られているフェレットの多くが海外のファームからの輸入です。ファームとは、フェレットの繁殖場のことで、主なファームには日本国内のものを含めて約10件ほどあります。

ファーム名（50音順）	所在国	日本の流通量
ドラゴンライズフェレトリー（DRF）	日本	少ない
ネザーランドビッグファームライン	オランダ	少ない
パスバレー	アメリカ	多い
ピーターセン（ピーターソン）	アメリカ	多い
ファーファーム	中国	多い
ホールデン	カナダ	多い
マーシャル	アメリカ	多い
マウンテンビュー	アメリカ	多い
マグナ	アメリカ	少ない
モコ	チェコ	少ない
ルビー	アメリカ	少ない

参考：https://gogoferret.com/farm/#i　2021年6月現在

特に一般的に入手しやすいのが、アメリカの「マーシャル」や「パスバレー」です。フェレットを出身ファーム別にマーシャルフェレット、パスバレーフェレットなどと呼んでいます。ファームが違うとそれぞれ育てられ方も違ってくるため、ファームによってフェレットの性格傾向に特徴があるといわれますが、大切なことは、飼っている、もしくは飼おうとしているそのフェレットの個性をしっかりと理解してあげることです。

お迎えの準備

ポイント 5

個体選びは、健康で元気なことが大事

できるだけ長く一緒にいたいから、健康な個体を選びたい。

個体選びの際のチェック

ペットショップでフェレットを選ぶ際には、健康状態をよく観察し、健康な個体を選びましょう。まずは外見からチェックしましょう。以下の項目に該当数が多いと、何らかの病気を患っている可能性があります。

健康のチェックポイント

- □ 目やにが出ている
- □ 涙目や乾き目になっている
- □ 耳の周囲や中が汚れている
- □ 毛並みが悪い
- □ 脱毛している
- □ 鼻が乾ききっていたり、鼻水が出ている
- □ 口からよだれが出ている
- □ 食欲がない
- □ 体に傷がある
- □ 肛門が汚れている

ペットショップ自体のチェック

フェレットだけでなく、飼育されている環境を観察することも大切です。

ケージ内の清掃は行き届いているか、食事の内容や与え方はどうか、ふだんフェレットとはどのように接しているのか、特にショップの場合は、店員さんはフェレットについ

ての知識が豊富かなどをチェックしましょう。

幼体を選ぶか、成体を選ぶか

早く馴れてほしいのであれば、幼体から育てるということがありますが、フェレットの場合は、幼体でも成体でも飼い主に馴れるという点では違いはありません。もちろん、幼体から育てれば、育てる楽しさがあるでしょう。

ただし、トイレを覚えていなかったり、噛み癖があったりしてしつけをする必要があります。成体の場合は、しっかりしたショップであれば、すでにそうしたしつけがなされているため、飼い主がはじめからしつけなければならないといったことはありません。

ペットショップを回って比較してみる

飼おうと決めたら、ペットショップや里親募集で実際にフェレットに会いに行き、飼い主として飼育したい個体であるか、相性が合うかどうかを検討しましょう。

飼い主とフェレットの相性は重要

対策　フェレットを一人暮らしの人が飼う場合

動物が好きで、一人暮らしの飼い主がフェレットを飼育している場合もあります。

一人暮らしで飼う場合は、フェレットと遊ぶ時間をできるだけつくってあげる必要があります。

フェレットの飼育には一緒に遊ぶ時間が欠かせません。飼い主は、それをしてあげる責任を負わなければなりません。

エサ代や飼育用品を買い揃えるための費用や、病気になったら病院に連れて行く時間と費用もかかります。また、どんなに疲れて家に帰っても、毎日の掃除や食事を与えるなどの世話をしなければいけません。夏場や冬場は24時間エアコンをつけて部屋の温度調整を行う必要があります。

一人暮らしの人の場合に限りませんが、最後まで大切に面倒を見ることができるのか、よく考えてから飼育しましょう。

ポイント 6

飼い主が飼育に慣れていないうちは単頭飼育で

フェレットを飼うなら、単頭飼育もいいですが、多頭飼育もいいものです。

フェレットの飼育に慣れていないうちは単頭飼育がおすすめ

フェレットを飼育していると、その愛らしさに2匹目、3匹目と数を増やしていく飼い主さんも多く見受けられます。しかし、飼育に慣れないうちは、まずは単頭飼育をすることをおすすめします。単頭飼育している間に、フェレットの特徴を知り、お世話するコツを覚えてから多頭飼育をしましょう。

多頭飼育での注意点

多頭飼育は、フェレット同士が仲良く遊べるのであれば、日々のストレスが解消し、飼い主にとってもあえて遊んであげる時間を作らなくてもよくなる場合があり、それなりのメリットがあります。ただし、先住の子がいて、そこに新入りの子をお迎えする場合は、次の点に注意しましょう。特に幼体でお迎えする場合には、イタチ科の動物がかかるジステンパーのワクチン接種（2回）を済ませておくことが大切です（ポイント43参照）。また、先住の子と新入りの子がお互いに慣れてから一緒のケージに入れましょう。慣れないうちに一緒にしてしまうと「お迎え症候群」と呼ばれるストレス症状（食欲不振や軟便、激しいケンカなど）を起こす可能性があります。最初は別々のケージに入れて顔合わせをし、お互いの臭いに慣れさせたり、短時間でも一緒に遊ばせたりするなどして様子を見ながら一緒のケージに入れるようにしましょう。

ケージに入れられた2匹のフェレット

多頭飼育が物理的できるかどうかも見極めが大事

多頭飼育には、複数のケージを持つ必要があったり、また、毎日の掃除、爪切りや入浴などのお世話の手間はその頭数に応じて2倍、3倍となっていきます。もちろん、エサ代もその分かかります。そうした点がクリアできるかどうかを見極めて飼う頭数を考える必要があります。

対策 飼い主のライフイベントにも注意

すでに小動物を飼ったことがある方は経験があるかもしれませんが、飼育する上では、良いことだけではなく大変に思ってしまうこともあるでしょう。

可愛いフェレットと毎日の生活を楽しむためには、飼い主のライフイベントにも注意が必要です。

例えば、入学、卒業、就職、結婚、転職、転勤、異動、役職変更、引越しなど、飼い主の生活環境に変化があった場合、そのため自分のことで精一杯になり、フェレットのお世話を怠りがちになってしまいがちです。人生の中では、そうしたさまざまな生活環境の変化が起きることもありますので、飼うと決めたら、あらかじめ覚悟を決めて、いかなるときでもフェレットの生命を預かっている飼い主としての自覚を忘れずに、しっかりとお世話をしていきましょう。

ポイント 7

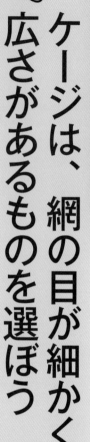

ケージは、網の目が細かく広さがあるものを選ぼう

適切なケージを準備して、楽しく安全にお迎えしましょう。

金網が錆びにくく網の目が細かいケージが安心

ケージの金網はステンレス製など、錆びにくくフェレットがかんでも安全なものを選びましょう。また、金網が細い場合は簡単に壊してしまうので丈夫な金網でできたケージを使用してください。

さらに、フェレットが脱走してしまうことのないように、網の目が細かいものを選ぶと安心です。

また、脱走しないようにナスカンで出入口をロックするといいでしょう。

理想的には、オスの大人で高さは50㎝以上、広さは6000㎠以上

ケージは高さ50㎝、横幅は60㎝、奥行は45㎝のサイズ以上のものを使いましょう。

なお、イギリスではフェレット

好ましいケージの例（W 820 × D 510 × H 525）

を飼う場合の倫理規定で、虐待に当たらない高さ・広さとして、体重600gを基準として、600g以上のフェレット1匹の場合の高さは50㎝以上、広さは6000㎠、600g未満の個体1匹の高さ・広さの基準として、高さは同じで、広さは4500㎠以上などと規定されています。日本では住宅事情もあって、残念ながらイギリスの基準を満たすケージは小動物用では見かけませんが、なるべく床面積が広いケージを選びましょう。

出入口が大きいケージは掃除が便利

トイレやエサの容器の出し入れがしやすい出入口が大きめなケージは、掃除するときに便利なのでおすすめです。

正面入り口以外にも天井が開くタイプのものはケージの上部のものを取り出しやすいです。

底トレーを引き出せるタイプのものやケージにキャスターがついているタイプのものも掃除のときに使いやすくていいでしょう。

ケージの掃除のときや移動のときに便利な小型のキャリーケース

持ち運びの際は、専用のカバーをかけていくと、中にいるフェレットも安心

Check!

持ち運びなどのためのキャリーも用意しておこう

家の中に設置するケージのほかに小型のキャリーケースも準備しておきましょう。ケージを掃除するときや動物病院に連れて行くときなどに使います（ポイント46参照）。

例え近くの場所であっても、念のために、中に、給水ボトル、エサ、トイレをセットしておきましょう。

ポイント 8

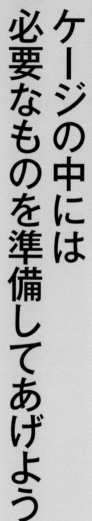

ケージの中には必要なものを準備してあげよう

ケージの中には、エサ入れ、給水器、トイレ、寝床（ハンモック）、季節対策グッズは必ず用意しておきましょう。

エサ入れや給水器は置き場がポイント

エサ入れは毎日取り出す必要があるため、ケージの入り口など出し入れしやすい場所に置きます。ただし、シンプルな床置きタイプだとひっくり返してしまうこともあるため、ケージに固定するタイプがおすすめです。また、水を飲ませる場合、水皿のように床に置くタイプだと皿をひっくり返したり、容器の中に排せつ物が入ったり、おもちゃにして遊んでしまうことがあるため、ケージに掛けるタイプの給水ボトルがおすすめです。いつでも新鮮な水が飲めるようにしましょう。

トイレ砂を入れたトイレを用意しておこう

フェレットは、ケージや部屋の隅に排せつをする習性があるため、隅に収まりやすい形状のトイレを用意しましょう。その際、ケージ内用と遊ばせる部屋用の2つ用意しておく方法とケージ内に1つだけ用意しておく方法があります。しつけをしっかりしておけば、フェレットはどちらも対応ができます。トイレの大きさは、フェレットの体がすっぽり入る大きさのものがおすすめです。

なお、トイレ砂は水で固まらないタイプのものを使いましょう。

万が一食べてしまったとしても危険性がないからです。

快適に過ごせるハンモック

寝床には床置きタイプとハンモックがありますが、フェレットの寝床としてはハンモックを選ぶのが一般的です。フェレットが快適に過ごせるように季節に合わせて、夏には薄手のもの、冬には厚手のものなどを使い分けましょう。なお、ハンモックを手作りする場合には、フェレットの爪が引っ掛かることのないような生地を選ぶことが大切です。

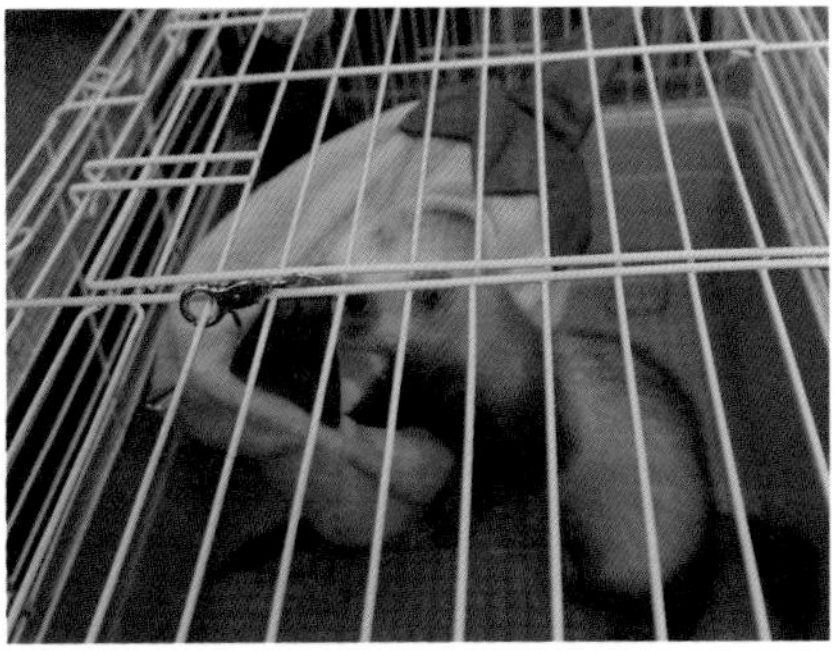
ハンモックに乗ろうとしているところ

暑さ寒さに対応する季節対策グッズ

フェレットの飼育には、温度や湿度を最適な状態に保たなければなりません（ポイント17参照）。特に初春、梅雨の時期、夏、冬の対策は大事です。専門メーカーなどからそれぞれに対応した季節対策グッズ（ポイント9参照）が販売されていますので、それらを使って快適な暮らしを維持できるようにしましょう。

対策 トイレのサインとトイレのしつけ

「ここがトイレ」ということを覚えさせて、トイレがしたくなったらその決まった場所に行かせるには、ある程度時間をかけてしつけを行わなければなりません。しかし、トイレのしつけができたと思う子でも、ときには粗相（そそう）することもあります。特に遊んでいるときは粗相しがちです。そんなときは、飼い主さんがサポートしてあげましょう。

フェレットは、放牧中や遊んでいる中でトイレがしたくなると独特な動きをし始めます。その独特なサインとは、尻尾が上がっていたり、壁に向かって後ずさりしたり、部屋の中の臭いを嗅ぎながらくるくる回っていたりする行動です。フェレットが何かに夢中になってトイレに行くことを忘れてしまっていることがあるため、このサインに気づいたら、粗相をしてしまう前にただちにトイレに連れて行ってあげましょう。そのことでフェレットにとっても再びトイレの場所を認識する良い機会となります。（ポイント 28 参照）

ケージ内のレイアウト例

基本的な配置例

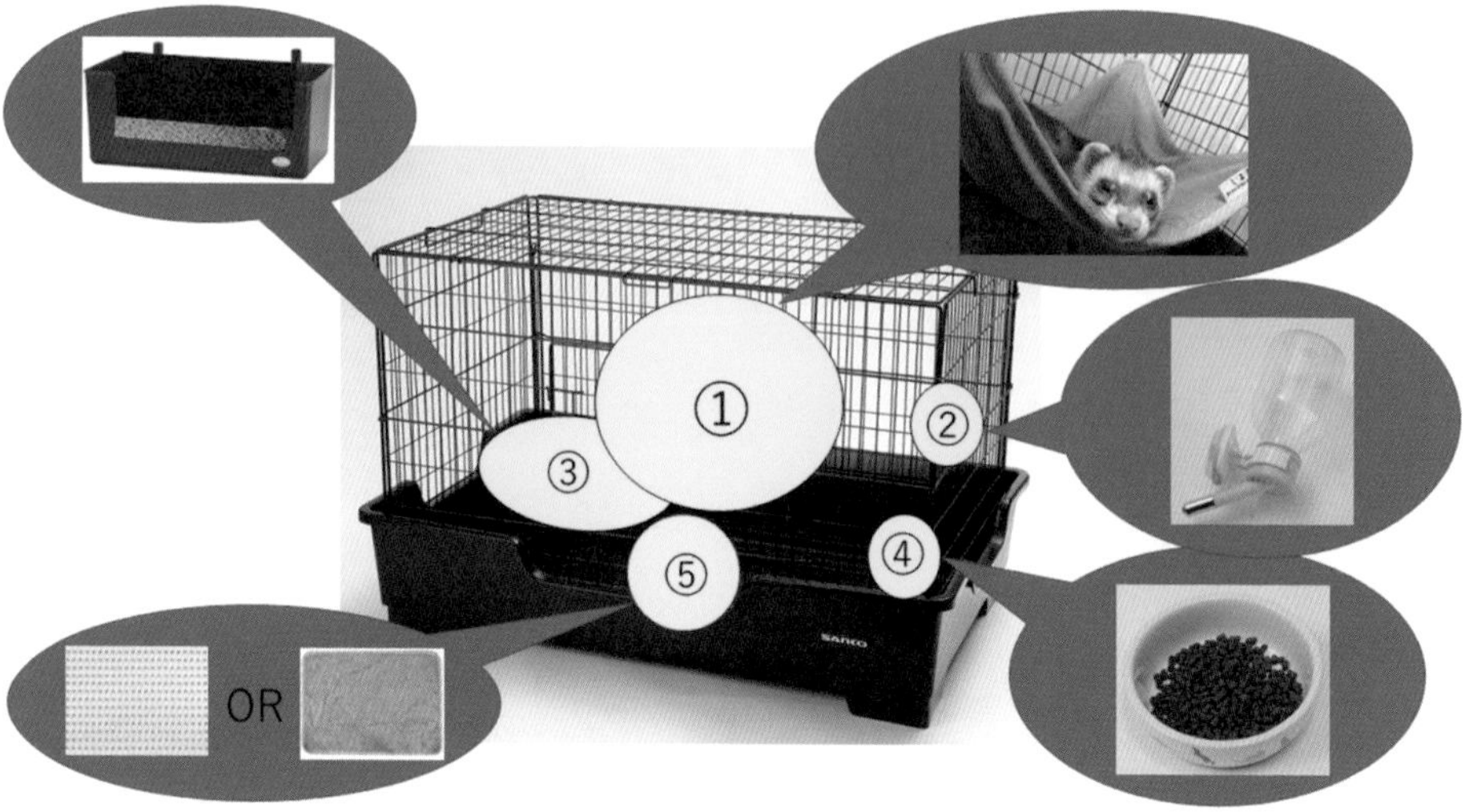

①寝床としてのハンモック
夏用、冬用などシーズンに合わせて替えてあげるといいでしょう。

②給水ボトル
食器の近くに取り付けておくと、フェレットにとっても良いでしょう。

③トイレ
フェレットはデリケートなため、食器とトイレは離しておくことが大切です。トイレにはトイレ砂を入れておきましょう。あまり入れすぎると遊んでしまうことがあるため、ほどほどに。

④主食のドライフード
絶やさずに入れておきましょう。

⑤ケージの底
足に優しい樹脂マットか汚れても繰り返し手洗いが可能なケージ専用の布マットを使いましょう。

仮住まいの臨時のケージ例

ハンモック

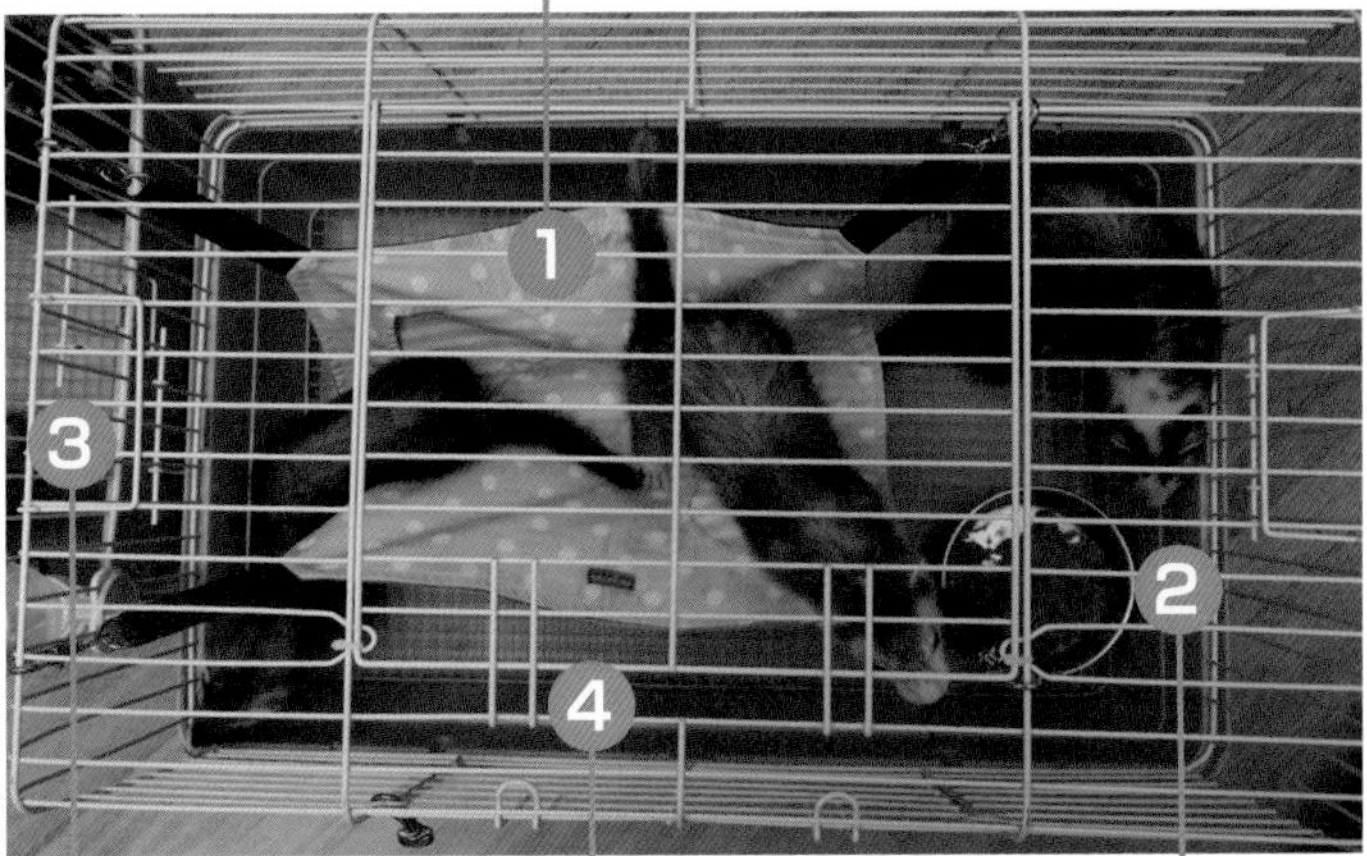

給水ボトル

床アミ（トイレは置かず、
排せつ物を床アミを通して
ケージの底で受ける）

エサの入った食器

居心地が良くなる飼育グッズを選ぼう

フェレットが快適に暮らせるグッズを揃えましょう。

季節対策グッズ

涼感プレートの例

季節に合わせて、暑さ対策に大理石やアルミなどでできた涼感プレートや涼感マット、寒さ対策にペットヒーター、湿度対策に除湿機を使用してください。

ケージに直接置くタイプと吊るすタイプがあるので、個体に合わせて選びましょう。

ナスカン

フェレットが知らないうちに

ナスカン

ケージから脱走しないように、ナスカンを施錠して脱走対策をとりましょう。また、扉の開閉がゆるくなった時にも利用できます。

ケージの下に敷く床敷き

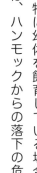

食べかすや排せつ物などの汚れを取り除くため、ケージの底には敷材を敷いておくと良いでしょう。

特に幼体を飼育している場合には、ハンモックからの落下の危険性も考えると、弾力性のある厚めの布を敷くのが良いでしょう。

床敷きには、樹脂マットのほか、汚れても繰り返し手洗いが可能なケージ専用の布マットも便利です。

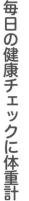

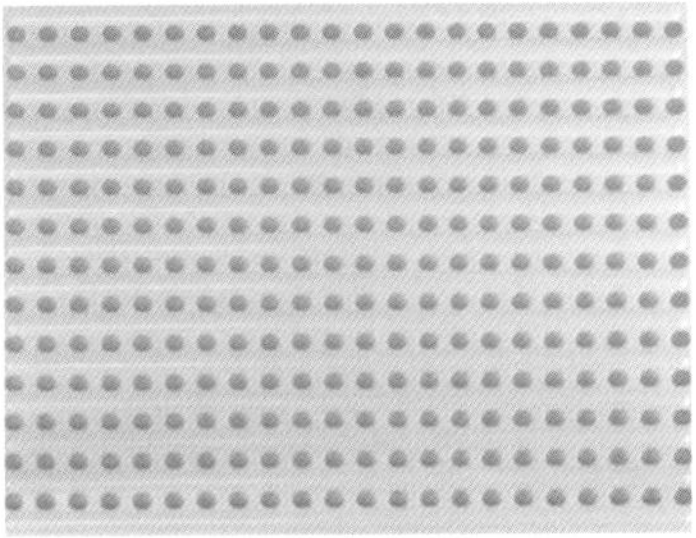
樹脂マットの例

布マットの例

毎日の健康チェックに体重計

フェレットの毎日の健康管理に便利な飼育グッズです。

1g単位で測れるものでも良いですが、0.1g単位で測れる体重計があると子どもの体重も把握できて安心です。

一般的には容器にフェレットを入れて重さを測るケースが多いので、容器を置いてから重さを0にセットできるデジタルスケールがおすすめです。

デジタル体重計の例

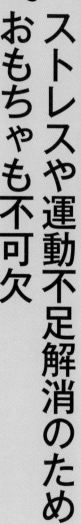

ストレスや運動不足解消のため、おもちゃも不可欠

飼い主さんとのコミュニケーションが図れ、ストレス解消や運動不足解消にもつながる主なおもちゃを紹介します。

じゃらし系おもちゃ

ハントネズミ

チョロチョロと動くものは肉食動物が本来もっている狩猟本能を刺激します。動くものを見かけると追いかけたくなります。それをつかもうと走ったり、手を伸ばしたり、ストレスや運動不足解消にはもってこいのおもちゃです。

ただし、噛んでこわれてしまったりして誤飲することがあるので、充分な注意が必要です。

トンネル系おもちゃ

フェレットは本能的に狭い場所が好きです。なぜならば、狭い場所は敵から身を隠す場所になるからです。ですので、トンネルはフェレットの遊び場であると同時に、心をリラックスできる場所となります。トンネルの中に入ってひとりで遊んだり、くつろいだりします。

ジャバラトンネル

ころがし系おもちゃ

ころがし系もじゃらし系と同様に、転がるなどして動けば、狩猟本能を刺激して追いかけたくなります。しかもつかまえて噛むことができるので、肉食動物が獲物を捕獲したときのような満足感が味わえるでしょう。

ダンベル

デコボール

掘る・もぐる系おもちゃ

フェレットの習性である「掘る」、「もぐる」を満足させます。素材は殿粉と水でできており、万が一飲み込んでしまっても安全です。

プレインスターチ

コラム 1

代表の高橋賢司さん

動物飼育のスペシャリストからのメッセージ

今回、本書の撮影にご協力いただいたインナー・シティ・ズー ノア代表の高橋賢司さんにお話をうかがいました。

動物園とペットショップを兼ねた「インナー・シティ・ズー ノア」の創設

代表の高橋さんは、今の時代、人間が他の動物たちにとって「洪水」（生存の危機をもたらす元凶）になってはいないだろうかとの思いから、それを回避するための1つの方法として、1999年に、多くの動物たちの魅力を紹介する動物園とペットショップの両方の要素を併せ持った施設「インナー・シティ・ズー ノア」を創設しました。

現在このお店では、飼育対象としての生き物（小型哺乳類・鳥類・爬虫類・両生類等）の展示・販売（館内には常時200種以上）を始め、飼育用器具・レイアウト用品・エサ・動物薬品・関連書籍・装飾品・オリジナルグッズなどの販売や、水槽・ケージの設計・製作・販売・設置までをこなし、さらに、生体・設備のレンタルおよびメンテナンス、動物プロダクション、ペットホテルなどを事業として手掛けています。

魅力いっぱいのフェレット

数ある飼育対象となる生き物の中でフェレットの魅力は、人が遊びたいと思ったときにいつでも付き合ってくれる「犬」の良さと、散歩に連れて行かなくても良かったり、自分で決まった場所にトイレをしてくれるといった「猫」の都合の良さを持っています。しかも、大きな声で鳴いたりしないので都会の集合住宅でも近隣に迷惑をかけずに飼うことができます。ペットとしての可愛さと飼いやすさの両方を兼ね備えたフェレットは、今後もますます人気が高まっていく小動物ではないでしょうか。

飼育者は命を預かる責任感を!

高橋さんが今日まで多くの動物を飼育し、また、昨今社会問題化しているネグレクト（放置）問題などにかんがみて思うことは、

「どんな動物を飼養する場合も同じですが、人間はペットを選べますが、ペットは飼い主を選べません。ペット動物が健康に寿命を全うできるように慈しんでほしいです。そして、万が一自分が飼えなくなるような状況になったときは引き続き面倒を見てくれる後継者を探してほしいです」と。

放置はその動物にとっても、社会にとっても決して許されることではありません。ペットを飼い始めたときから飼い主さんには、そのペットの命に対する責任と社会に対する責任があることを自覚しなければなりませんね。

店内にはさまざまな動物が展示されている

第2章

お迎え・お世話の仕方をおさえよう

～家に迎えたあとの飼育のポイント～

ポイント 11

子どもとふれあわせる際は注意が必要

懐きやすくて飼いやすいフェレットですが、思いがけない行動をすることもあるため注意が必要です。

子どもに噛みつくことがあるので危険

まだ噛み癖が治らないフェレットは、突然子どもに噛みつく危険性があります。フェレットの歯は鋭く、本気で噛まれると大人でさえ傷を負いかねません。ですので、子どもと遊ばせる場合には、必ず噛み癖のない個体と大人が監視する中で行ってください。

乳幼児がいる場合は特に注意が必要

フェレットをお迎えしたときに、人の子どもが生まれたばかりで乳幼児がいるご家庭もあるでしょう。

そのような状況の中でフェレットを飼う場合に特に注意が必要なことは、フェレットが乳幼児のミルクの臭いに誘われて子どもに近づき噛んでしまったり、ハイハイができる時期になって、子どもがフェレットの排せつ物を口にしてしまったりすることの無いように気をつけましょう。

特にお子さんがまだ小さいときはフェレットと住み分けが必要です。

他の動物と一緒にする場合は注意が必要

小動物をすでに飼っている場合、中でも特にハムスターやウサギ、小鳥などは獲物としてフェレットが襲う危険性があるため、絶対に同じ空間に居合わせないようにしましょう。

また、そうでなくても他の動物と一緒にいる場合、ノミやダニ、感染症などがフェレットにうつる危険性もあります（ポイント22参照）。

フェレットは脱走の名人!?

フェレットはほんの狭い隙間でも難なく通り抜けることができます。ケージの金網のわずかな隙間からでも脱走しようとします。それでも家の中にいれば、床に落ちていた有害な物を口にさえしなければ安全といえますが、家の外に出て行ってしまうことがあると大変です。

フェレットには帰巣本能がありませんので戻ってきません。探し出すのに大変な労力を要することでしょう。飼うのであれば、まずは脱走させないように注意しましょう（ポイント37参照）。

対策　フェレットを迎えたら

お迎えしてから最初の1日はケージの中でゆっくりませましょう。はじめての環境にフェレットは内心戸惑い、緊張や不安などのストレスでいっぱいです。まずは新しい家庭での生活環境に慣らしてあげましょう。このときに早く懐いてほしいと無理に触ってしまったりすると、フェレットが怖がってしまうので控えてください。焦らずに静かに見守りましょう。遊ぶのは翌日以降からにしましょう。

お迎えした日も含めて、はじめのうちはエサや飲み水、掃除を手早く行ってフェレットにあまりストレスを感じさせないようにしましょう。人の大きな声や大げさな動きは、フェレットが怖がってしまうので、なるべく大きな音を立てず、また静かに動くようにしてください。

まずは、優しく名前を呼んだりして声をかけるようにしましょう。そうすると次第にフェレットが飼い主の声と臭いを覚えるようになります。

迎えた次の日からはケージの外に出してあげましょう。ここは怖くないと自分で認識できれば自分から出てくるようになります。急に抱き上げたりせずにそのまま様子を見てあげてください。声をかけて反応するようであれば、やさしく触って撫でてあげてください。このときに怖がらないようであれば、抱っこもできるようになります。なお、衛生的な面で、フェレットに触るときは必ず手を洗ってからにしてください。また、触ったあとも手洗いは忘れずに行いましょう。

フェレットが環境や飼い主にも慣れてきたら、噛み癖がつかないように、また、トイレも決まった場所でできるようにしつけも行っていきましょう（ポイント28参照）。

汚れることが多いケージ内の掃除は毎日が基本

掃除が一番の体調管理。不衛生は病気の元です。排せつ物を確認して体から出る大事なサインを受け取りましょう。

毎日ケージ内をきれいにしよう

健康なフェレットはよく食べ、よく排せつします。ケージの下に敷いた床敷きはよく汚れますので、必ず1日1回は確認し、汚れていたらきれいなものと交換しましょう。

清掃のタイミングとしては、フェレットが起きていれば別のケージなどに移し、寝ていればそのまま手早く行っても良いでしょう。

一般的な手順としては、給水皿や給水ボトル、エサ皿にある食べ残しは取り除いた後で水洗いし、糞が落ちていれば取り除き、糞や尿などで汚れたトイレの容器は、しぼった布やノンアルコールのペット用のウェットティッシュなどで軽く拭き取りましょう。

トレー付きのケージの場合は、最後にケージの一番下にあるトレーをきれいに掃除しましょう。

フェレットがなめても大丈夫な除菌消臭剤を選ぼう

ケージの外で排せつしてしまったときやケージ内の掃除のときに除菌消臭剤を使用すると便利です。除菌によって衛生的な環境を作り、病気を防ぎます。

なお、使用する消臭剤は、フェレットがなめても体にかかっても安心な小動物用のものを選びましょう。

掃除をしながらケージ内の状態を確認し健康チェックを行おう

ケージの掃除をする際に、フェレットの食事の食べ残しはないか、手足の爪を引っかけそうな部分がないか、ケガをしてしまいそうな場所がないかなどをしっかり確認することを習慣づけてください。

また、フェレットが活動している最中に掃除をする場合は、フェレットを別のケージに移すか、そのまま居させた状態で、掃除をしながらふだんと変わったところがないか、ケガをしていないか、元気そうかなど、健康チェックを行うといいでしょう。

ケージの中で元気に動き回るフェレット

Check!

掃除の際の注意点やチェックすること

掃除の目的は、衛生的な環境を維持することはもとより、フェレットの体調を知る重要な機会となります。糞の状態や水の減り具合、エサの食べ残しの有無などを毎日チェックすることができます。いつもと違う様子に気づいたら動物病院に連れて行きましょう。またその際は、食べ残しや糞は捨てずに病院へ持っていくと良いでしょう。

主食には必要な栄養が過不足なく摂取できる専用フードを与えよう

栄養のバランスを考えると主食には専用フードがおすすめです。

フェレットの食事

フェレットの食事は、もともと肉食の動物であるため、動物性タンパク質や脂質が含まれる食材を与えるのが基本です。また、主食に加えていざとなったときのために、多様な食べ物に慣れてもらうための副食、ごほうびや飼い主とのコミュニケーションのためのおやつを与えることができます。

専用フードを主食として与えよう

フェレットの原種とされる野生のヨーロッパケナガイタチまたはステップケナガイタチは、小さな爬虫類や鳥のヒナ、卵、昆虫などを食べています。

ペットのフェレットでは、フェレット専用の「総合栄養食」と呼ばれる固形状のフード（ドライフード）がメインの食事になります。

与えるタイミングと回数

フェレットは消化管が短く、約3~4時間で消化し排せつします。そのため、少しずつ何度も食べます。自分の必要以上のエサを食べないため、食べすぎることはありません。常にフードを切らさないようにしましょう。

なお、与え方としては、フェレットにつきっきりでエサを補充するのは難しいため、1日2回、朝晩に半日分ずつ補充するとよいでしょう。その際はエサ皿は洗い、食べ残した前回のエサは廃棄して新しいものと交換してください。

ドライフードの上手な選び方

ドライフードは口コミやネットでの評価、ペットショップのスタッフさんに話をよく聞いて、評判のいい銘柄を購入するようにしましょう。具体的には、信頼できるメーカーのもので、原材料や栄養成分が明記されていて、着色料や保存料をなるべく使っていないものを選びましょう。

エサ皿に盛られた専用ドライフード

ドライフードの銘柄を変える場合

ドライフードの銘柄を急に変えるとフェレットの食欲が落ちて食べなくなったりする場合があります。そこで、今まで与えていたドライフードに新しく与えるものを少しずつ混ぜて、徐々に新しいドライフードの量を増やしていくようにしましょう。

対策 フェレットは偏食に注意

フェレットは偏食傾向が強く、小さなときから与えている食べ慣れたエサ（同じ銘柄のフード）であっても、その味が少しでも違うと食べなくなってしまうことがあります。

それが大人になってからの銘柄変更が難しい理由です。ただし、その銘柄が常に手に入るとは限りません。さまざまな原因で欠品となる可能性があります。

そのため、可能であれば主食に決めたフードに１～２種類の別のフードを混ぜて与えることをおすすめします。そうすれば、主食の銘柄のフードが手に入らなくなったり、食べなくなったりしたときに対処しやすくなります。

なおフードの１日の量は、体調や体重の増減をみながら決めると良いでしょう。

ポイント 14

副食やおやつを与えて食べ慣れた食材を増やそう

主食を食べないからといっても与えすぎには注意しよう。

なぜ副食を与えるのか

毎日の食事には、筋肉や血液を作るのに必要な栄養素で、エネルギー源にもなる動物性タンパク質や脂質が豊富に含まれる食材を与えることが大切です。ただし、主食で総合栄養食のドライフードを与えているのであれば、そこで必要な栄養素は摂取できますので、副食はあくまで主食のドライフードがない、もしくは、食欲がなくなって食べなくなったときのためです。

肉類・卵

鶏のササミ、赤肉、卵（黄身の部分）など、茹でるか、もしくは焼いて常温にしてから与えましょう。また、冷蔵・冷凍のものも必ず常温にしてから与えましょう。

茹でた鶏のササミ

茹でた卵黄

なお、生卵や生肉は、サルモネラ菌に汚染されている危険性があるため与えないでください。

おやつを与える目的はコミュニケーション

おやつは、主食や副食とは分けて考えて与える食べ物です。おやつを与えることによって、主食の量が減ることのないようにしましょう。おやつの与え方としては、フェレットとのコミュニケーションやストレス発散に使う目的で与えます。

ちなみに、おやつとして与える食べ物には、ミルクやジャーキー、栄養補助食品などがあります。

おやつになる食材の例

ヤギミルク

ジャーキーの例

通常の牛乳は大人になると消化できなくなるため、ペット用ヤギミルクを与えると良いでしょう。

また、ジャーキーはフェレット専用のおやつとして市販されています。

栄養補助食品

ペースト状の栄養補助食品もフェレットは好んで食べます。食べさせすぎると栄養を摂りすぎてしまうため注意しましょう。

フェレットバイト

ポイント 15

食中毒を起こす有毒成分が含まれた食べ物には要注意

フェレットに与えてはいけない食べ物や、与えられるが注意が必要な食べ物を知っておきましょう。

野菜類

玉ネギや長ネギ・ニラ・ニンニク・らっきょうなどのネギ類にはアリルプロピルジスルフィドという成分が、また、ジャガイモの芽や皮には、ソラニンという有毒成分が含まれています。

玉ネギ

ジャガイモの芽以外は、人が日常的に食べていて何の中毒も起こさない食材ですが、フェレットには有毒な食材となりますので、絶対に食べさせてはいけません。

ニラ

タコ、イカ、エビ、カニ、貝類

軟体動物や甲殻類、貝類には、チアミナーゼというビタミンB1を破壊する物質が含まれており、ビタミンB1欠乏症を発症させる危険があります。しかも消化が悪いです。

タコ

ナッツ類

熟していないアーモンドやピーナッツの殻に生えるカビは食べさせてはいけません。また、アミグダリンという有毒成分が含まれているため危険です。

アーモンドの実

ウメの実

果物類

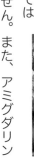

ウメ、サクランボ、モモ、ビワ、アンズ、スモモなどの熟していない果実や種子にもアミグダリン成分が含まれているため、フェレットには有毒な食材となりますので、食べさせてはいけません。

その他、人が飲食するもの

チョコレート、ケーキ、クッキー、ポテトチップスなどのお菓子、コーヒー、お酒は与えてはいけません。特にチョコレートにはカフェインやテオブロミンという有毒な成分が含まれており、嘔吐、下痢などの症状を起こす危険性があります。

チョコレート

与えられるが注意が必要！

野菜や果物はごく少量ならば問題ありませんが、特に梨やりんごといった植物繊維が豊富なものを多く与えると、消化できずに下痢を起こしてしまいます。与え方には充分注意しましょう。特にドライフルーツは、のどに詰まりやすいため注意が必要です。いずれにせよ、それらの食べ物はフェレットにはできれば与えないほうが無難です。

クッキー

ポイント 16

給水皿よりも給水ボトルがおすすめ

フェレットはよく水を飲みます。
水は新鮮さを保ち、いつでも飲めるようにしてあげましょう。

給水ボトルを使用するのがおすすめ

日本の水道水は基本的に軟水で衛生面でも安全なため、飲み水として与えて問題はありません。

水を飲む方法は給水ボトルと給水皿（置き皿）がありますが、フェレットの排せつ物や移動する際にひっくり返さないように給水ボトルを使用することをおすすめします。

床置きの給水皿で水を飲む場合は

フェレットの中には給水ボトルからは水を飲まずに、給水皿から水を飲む子もいます。給水皿で水を与える場合、ひっくり返すことを避けるために、ある程度重さのあるものを使いましょう。

また、給水ボトルに比べて一般的に異物が混入しやすく、水も汚れがちです。したがって、給水ボトルよりも注意して見てあげなくてはなりません。

1日1～2回は新鮮な水と交換しよう

フェレットは嗅覚が発達しているため、鮮度の悪い水はストレスの原因になります。

したがって、新鮮な飲み水を毎日与えて、フェレットが飲みたいときにいつでも水が飲める環境を作りましょう。

基本的に給水ボトルは1日1回、給水皿では2回は新鮮な水と交換しましょう。フェレットの健康を考えて小動物用の水や浄水スティックを利用するのもいいでしょう。

水の交換の際にチェックしておこう

給水ボトルの水を交換する際には、水の量をよく確認しましょう。

毎日決まった時間に水の交換を行うと、減った分の水の量を把握しやすくなります。

そのようにして把握していけば、季節性やその日与えた食事などの要素を加えたうえで健康か体調不良を起こしているかがわかるようになるでしょう。

便利な給水ボトル

対策 フェレットが水を飲んでくれない!?

フェレットが水を飲まなくなる原因としてよくあるケースが、給水ボトルからうまく水が飲めないことです。その他には、フェレットは本来的にデリケートな生き物であるため、飼い始めの頃には急な環境の変化によって水もエサも口にしなくなることがあります。また、水道水のカルキ臭を嫌がって飲まなくなる場合もあります。

前者の場合は、少しずつ環境に慣れてもらうことで、ふだん通りに水を飲んでくれるようになるでしょう。後者の場合は、水道水をすぐには与えずに、煮沸して常温に冷ましてから与えたり、汲み置きして1日置いてから与えたりすると良いでしょう。水道水に慣れてくると1日置かなくても飲んでくれるようになります。また、市販のミネラルウォーターを与える場合は、ミネラル含有量が多い「硬水」ではなく、「軟水」を与えましょう。

ポイント17

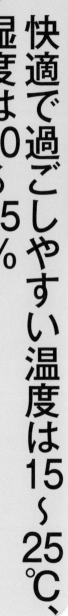

快適で過ごしやすい温度は15～25℃、湿度は40～65％

フェレットが快適で過ごしやすい環境づくりには温度と湿度の調整も欠かせません。

野生のヨーロッパケナガイタチが生息している場所

フェレットの原種とされるヨーロッパケナガイタチは、ヨーロッパ一帯の森林や草原、湿地などに生息しています。夏の期間を除き、一年の大半は冷涼な気候のために寒さに強い動物ですが、その反面、暑さには弱い動物です。

そのため、日本でフェレットを飼育するには、温度や湿度を整えることが絶対条件となります。

フェレットの健康維持のためには、通年（特に夏と冬が大事）で適度にエアコンや加湿器をかけて一定の温度や湿度を保つことが好ましいです。

快適な温度と湿度

適温は個体によって異なります。フェレットが寒そうにしていないか、暑そうにしていないかといった状態を毎日確認する必要があります。ケージに温湿度計の設置は欠かせません。

フェレットの快適温度は15～25℃、湿度は40～65％

個体にもよりますが、フェレットの体に支障が出ない限界の温度は最低7℃、最高で33℃位だといわれています。フェレットのいる場所が最悪でも10℃以下、最高でも28℃を越えないように室内の温度を保ちましょう。

快適な温湿度を保つためのその他の注意

室内の快適な温湿度管理をするためには、常時使うエアコンや加湿器が常時正常に稼働するように清掃・メンテナンスにも気を配りましょう。

なお、室内で特定の温湿度を保とうとしていると、つい怠りがちなのが換気です。換気は、新鮮な空気に入れ換えたり、フェレット特有の臭いが気になる人には、その軽減になります。なお、窓を開けての換気は、一時的に温度や湿度が変化しがちです。急に変化しないように気をつけながらも必ず定期的に行いましょう。

温かい布団にもぐって寝ようとしている様子

対策 フェレットの換毛期

フェレットは換毛期が年２回、年間を通して冬から夏にかけての時期と夏から冬にかけての時期にあります。具体的には春の換毛期には冬毛から夏毛になり、秋の換毛期には夏毛から冬毛に換わります。

もともと体毛はそれほど長くないこともあり、換毛期で毛が抜け換わっても飼い主が気づかないことも多いでしょう。ただし、その時期は抜けた毛がふだんよりも多く空気中に舞いますので、換気や床の清掃、エアコンの清掃を心がけましょう。もちろん、換気の際はくれぐれも部屋の温度・湿度が急に変化しないように気をつけて行いましょう。

ポイント 18

健康チェックは毎日怠らずに行おう

飼い主にとって健康チェックは大切な日課です。毎日怠ることなく行いましょう。

食欲に異常がないかを確認

食事を与えるときに、食欲はあるか、食べたくてもうまく食べられないなどの症状がないかなどをしっかり確認するようにしましょう。

食事を与えて、すぐに食べ始めるのであれば、食欲があり健康な証拠です。

また、毎日同じ時間に同じ量の水を給水して、増減の変化を確認しましょう。

フェレットの様子を観察

フェレットの目がパッチリと開き、澄んでいるか、目やにが出て涙目になっていないか、鼻水が出ていないか、呼吸は荒くないか、などを確認しましょう。

また、毛並みや毛艶はいいか、脱毛して皮膚がみえていないか、足を引きずっていないかなどの様子もしっかり観察して日々の健康チェックに役立てましょう。（ポイント5の「健康のチェックポイント」参照）

排せつ物をチェック

いつもより排せつ物の量が少なくないか、小さくないか、軟便や下痢ではないか、尿に血が混ざっていないか、異常な臭いがしないか、排便時・排尿時に痛がっていないかなど、日々しっかり確認しましょう。

体重測定を行う

毎日決まった時間に体重測定を行うことで、日々の健康管理や病気の早期発見にも役立ちます。

体重が平均値よりも重い場合は肥満の可能性がありますし、食事の量が変わらないのに体重が減った場合は、病気にかかっている可能性があります。

病気の疑いがある場合は、日々の記録表を持って動物病院へ行きましょう。

記録表の例

Name：

日付　令和●年■月▲日

本日の体重：　　　　g

本日遊ばせた時間：午後●時～午後●時

	主な チェック 項目	種　類	量 （g）
食べ物	主に与えたもの		g
			g
	おやつ		g
健康状態	様　子	元気・元気がない	
	糞の状態	正常・異常	
	気になること		

Check!

フェレットの日々の健康を記録しよう

毎日フェレットの健康を記録しておけば、いつ頃から体調が悪くなったのか、食事量に変化はなかったかなどを確認できて、診察や治療に役立ちます。

また、動物病院に行ったときに獣医師に見せれば、病気の兆候や原因に気がつきやすくなるという利点もあります。

食事の種類や量、体重、排せつ物の状態、元気があるかどうか、見た目の状態、気になることなどを簡略した形でもいいので、上記のように日々の記録として残しておくことをおすすめします。

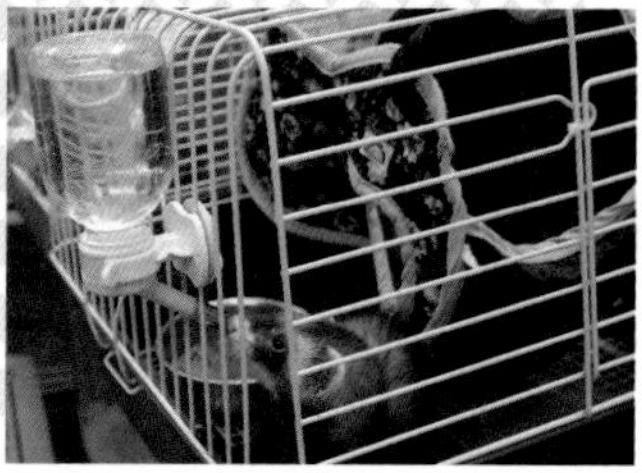
水を飲んでいる様子

成長期には、やんちゃな行動に気をつけよう

幼齢期から若年期に入ると、フェレットは何にでも興味を持って、危険なことでも行動するようになります。しっかりと見守ってあげましょう。

フェレットのライフステージ

フェレットのライフステージは、大きく3つに分けられます。おおよそ次のようになります（表参照）。誕生から1歳の頃までのベビー期（幼齢期）及び若年期、1歳から3歳の頃までのアダルト期、4歳以降のシニア期です。

フェレットのライフステージ

年齢	ライフステージ	備考
誕生から1歳の頃まで	ベビー期（幼齢期）及び若年期	生後半年頃からの若年期を「成長期」とも呼ぶ
1歳から3歳の頃まで	アダルト期	「成獣期」とも呼ぶ
4歳以降	シニア期	「高齢期」とも呼ぶ

幼齢期からのお迎え

一般的な海外から輸入された個体の場合、去勢と臭腺除去手術を施され、ワクチン接種をしたあとの生後2ヵ月経った頃（生後8週前後）に日本にやってきます。

ちょうどその時期は、乳歯が抜けて永久歯に生え変わる頃です。しかし、胃腸の機能はまだ弱く、ドライフードをそのまま食べることができません。そのため、生後

2～3ヵ月頃まではドライフードをお湯でふやかしてから与えるようにすることが大切です。

エサを与える頻度

この時期は、朝と夜1日2～3回新しいエサ（ふやかしたフード）を与えてください。また、その際にふやかしたフードは傷みやすいので、食べ残しは必ず捨ててください。

多様な食べ物を与えることの大切さ

生後遅くとも4ヵ月頃までには、半ふやかしフードでの移行期間を含めて、完全にドライフードを食べられるように慣らしておきましょう。

また4ヵ月以降は、急にいつもの食材を食べなくなったときのために、エサへの嗜好性が決まる前（生後1年まで）に、主食にする何種類かのドライフード（銘柄や原材料の違うもの）を始め、副食やおやつなど、多様な食材を食べさせておくことも大切です。

怖いもの知らずでやんちゃな成長期

6ヵ月を過ぎる頃から、成長にしたがってさまざまな物に興味を持ちます。部屋を探検したり、やみくもに狭い空間に入り込んだりといった行為が増えてきます。落ちている物を飲み込んでしまったり、電気コードなど、かじってはいけない物をかじったりと、興味は尽きません。大変危険な時期でもありますので、しっかりと見守ってあげましょう。

入った引き出しから顔を出す子どもフェレット

飼育のポイント

ポイント20

充分な栄養が必要なアダルト期

活動が活発になるアダルト期、日々のケアや栄養管理を怠らずにやっていきましょう。

活発な活動のためには充分な栄養が必要

アダルト期には、ますます活発に活動をするようになります。この時期、特に大切なのが、その活動を支える栄養の摂取です。タンパク質と抗酸化栄養成分であるビタミン類の摂取は欠かせません。常にエサ皿に用意し、好きなときに食べられるように準備しておきましょう。また、水も欠かせません。

フェレットは水もよく飲みますので、新鮮な水を欠かすことなく与えましょう。

発症しがちな病気に注意

フェレットがかかりやすい病気は、インスリノーマ、副腎疾患、リンパ腫（これらを「三大疾病」とも呼ぶ）（ポイント44参照）だといわれています。それらの病気が発症しやすくなるのがこの時期で

飼育環境を整えてなるべくストレスを与えないように

す。完全な予防法はありませんが、温湿度管理や清掃などの飼育環境を整えて、なるべくストレスを与えないようにし、また、活発で元気だからといって栄養管理をないがしろにせずに、日々のお世話をしていきましょう。

シニア期への備え

アダルト期のもう1つの大切なことは、4歳の頃から迎えるシニア期への備えの時期であるということです。日々活発に活動しているからといって、さまざまな、必要な管理を怠っていると、体が衰え始めるシニア期に何らかの病気を発症しかねません。この時期の栄養状態がシニア期の健康度を決めるともいわれています。

対策　急にエサを食べなくなったら

フェレットが主食のドライフードを食べなくなることがあります。闘病中や体調が悪い子、ベビーやシニアの子を除いて、そのような子に多く見られるのは、ストレスやおやつの食べすぎ、消化不良、何かの病気を発症しているといった原因があります。

その子がとても元気な場合には、ストレスを抱えているかおやつの食べすぎの可能性があります。まずは最近の飼い主や家族、フェレットの生活に変化はなかったかを思い返してみてください。例えば、家の引っ越しや部屋の模様替え、ケージの移動などをストレスに感じることがあります。食べすぎている場合によくあることですが、飼い主の家族がおやつを与えすぎていて、それを飼い主が把握していないということです。必ず飼い主がおやつの量を把握しておく必要があります。そのほかには、消化不良を起こして食欲が低下していることもあります。それが考えられる場合には、便をチェックしましょう。通常の便であれば数日様子を見ます。下痢を起こしていれば、ただちに動物病院を受診してください。また、特に顕著に食欲不振状態になっている場合には、何かの病気を発症している可能性があります。この場合もただちに動物病院を受診してください。

いずれにせよ、フェレットが飢餓状態になるのは大変危険です。原因がストレスなどの一過性であることが考えられる場合には、食欲が戻るようにその子の好物を与えたり、場合によっては流動食をつくってシリンジで与えましょう。また、下痢をしていたり何らかの病気が考えられる場合には、ただちに動物病院に行きましょう。

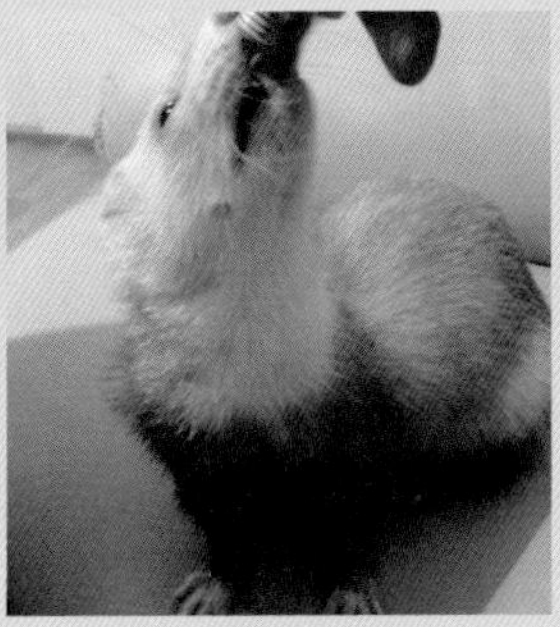
好物のフェレットバイトを与えられている様子

ポイント 21

シニア期は今まで以上に温湿度管理や落下などによるケガに注意しよう

シニア期のケアの仕方を知っておきましょう。

今まで以上に温湿度管理に注意

4歳くらいからはシニア期に入ります。老化が進むと若いときのように冬の寒さや夏の暑さに体がうまく対応できなくなったり、免疫力が下がり病気にもかかりやすくなってしまうので、今まで以上に温湿度管理に注意をしましょう。

安全な環境づくり

運動能力が落ちて動きが鈍くなったり、視力が弱ったり、食も細くなったりします。

安全に暮らせるようにケージ内の環境にも配慮する必要もあります。特に今まで高い場所に取り付けたハンモックで問題なく過ごせていた子も、場合によっては落下してしまうこともあるため、落ちたときにケガをしないように床材に工夫をしましょう。

個体に合わせて食事の見直しを

前述のように、運動量が減って体の代謝が落ちるため、3歳半の頃から徐々に低カロリーで消化の良いフードに切り替えていくと良いでしょう。

また、高齢になると食欲が落ち、しかも水分もうまく摂取できなくなりがちです。食が落ちてきたら、嗜好性の高い食事を与えるようにして食欲を増進させたり、水分摂取不足対策のために飲みやすい小動物専用の水を与えたりするなどの工夫も必要です。

なお、今までケージに掛けるタイプの給水ボトルを使用していた場合、それが飲みにくそうであれば、下に置くタイプの給水皿に替えてあげましょう。

定期健診が大切

この時期に入ったら、獣医師の目でしっかりと健康状態を診てもらうため、半年に1回、あるいは、その個体の状態にもよりますが、できれば3ヵ月に1回を目安に定期的な健診をおすすめします。

対策 シニア期のケガや病気のリスクに注意

シニア期のリスクについては、前述のように、運動能力としては、手足の力が弱くなったり、下半身の肉が落ち始めるために足もとがおぼつかなくなってきたりします。また、ふだん通りジャンプしたつもりでも、踏ん張りが足らずにミスしてケガをするリスクもあります。さらに、視力が落ちることによって足を滑らせることもあります。

内臓の機能も衰えてきます。下痢や便秘、疲れやすいといった様子が見られます。また、食欲がなくなり、痩せ細ってくることがある半面、食欲はあまり変わらないと、運動量が落ちてきているために逆に体重が増加することもあります。また、毛づくろいをする頻度が減ることによって、毛並みも悪くなってきます。

さらに、免疫力が衰えるため、病気になりやすく、寝ている時間が長くなります。

以上のように、シニア期のフェレットにはそれまでのアダルト期と比べて、老化によるさまざまな能力や体の変化が出てきます。飼い主はこの時期を迎えるフェレットのことを充分理解したうえで、できるだけ快適な環境をつくってあげましょう。

寝床から落ちてしまいそうな爆睡中のフェレット

ポイント 22

ほかの動物との同居は、個体同士の相性を見ることが大事

その家によってはフェレットを飼う前に他の動物を飼っていることがあります。ほかの動物と一緒に飼う際には注意しましょう。

お互いの存在に慣れさせる

先住の動物がいる中でフェレットをお迎えした場合、すぐに一緒にしてはいけません。まずはお互いの存在に慣れることが必要です。そのためには、ケージを分けたうえで、お互いの臭いが付いたものを近くに持って行き、その臭いに慣れさせることが大切です。そして最初は、遊ばせるときだけ、飼い主が監視する中で一緒に遊ばせるようにしましょう。

次に個別に相性を見ていきましょう。

相性の良いネコでも、注意が必要

ネコはフェレットの遊び相手として最適ですが、マイペースで飽きっぽい性格のため、テンションの高いフェレットとの遊びが嫌になってしまうことがあります。そ

相性の良い犬種・注意が必要な犬種

相性の良い犬種	注意が必要な犬種
チワワ、パグ、チン、トイ・プードル、ブルドッグ、パピヨン、ペキニーズ	柴犬、秋田犬、ビーグル、ラブラドールレトリバー、ゴールデンレトリバー、シュナウザー、ジャックラッセルテリア

注：相性は個体の性格にもよるため、表はあくまで参考程度と考えてください。

れでもフェレットは相手にお構いなしに積極的に遊びに誘ってくるでしょう。そのようなときのために、ネコがフェレットから逃げられる場所を用意しておくと良いでしょう。フェレットは、比較的高いところが苦手なのに対して、ネコは高いところが大好きです。ネコがフェレットとの遊びに飽きてしまったときのために、一時的に逃げて休息できる高い避難場所をつくってあげましょう。

なお、特に注意が必要なのが、まだフェレットが幼齢で体が小さな場合です。ネコは小さな動物を追いかける習性があるため、そうしたフェレットにはちょっかいを出しかねません。充分注意しましょう。

仲の良いチワワとフェレット

犬との相性は犬種による

かつてイタチやうさぎなどの狩猟を目的としていた犬種は、本能的にフェレットを狩猟対象とみなしてしまうため、一緒に飼うのは難しいといえます（表参照）。

また、相性が良くてよく遊ぶ場合でも、犬には動くものを追いかける習性があり、ちょろちょろと動き回るフェレットに刺激されて、追いかけて噛みつくことも考えられます。また、犬とフェレットとの体格差にも注意が必要です。大きな体格を持つ犬の場合、犬は遊びのつもりでも、遊んでいるうちに、体の小さなフェレットがケガをしてしまうこともあるかもしれません。

その他小動物、爬虫類や昆虫

ハムスターやデグー、モルモット、チンチラ、ウサギ、フクロモモンガ、小鳥、爬虫類や昆虫などの小さな動物と同じ空間で飼うことはおすすめできません。フェレットの捕食対象であり、特に小動物は、かつて狩りに使われていたときの狩猟の対象でもありました。フェレットの本能を刺激してしまう可能性があります。フェレットとは飼育空間を別にするか、同じであった場合には、絶対にフェレットが手を出せない場所に置き、蓋やカギをきちんと閉めて開けられないようにしましょう。

ポイント 23

ノーマルフェレットの繁殖について知っておこう

日本では避妊・去勢済みのスーパーフェレットを飼育するのが一般的で、飼い主として繁殖に立ち会う機会は無いと思いますが、フェレットの本来の生態を知っておきましょう。

ノーマルフェレットとは

フェレットには「スーパー」と「ノーマル」がいます。スーパーフェレットとは避妊・去勢と臭腺除去手術が施されている個体をいいます。一方のノーマルフェレットとはそれらの手術が施されていない個体です。したがって、ノーマルフェレットには生殖能力があります。

性成熟の時期

性成熟期は、それぞれの個体によって違ってきますが、おおむね生後6ヵ月後から12ヵ月の間です。その中でおおむねオスは、8ヵ月～12ヵ月頃、メスは生後7ヵ月～10ヵ月頃には成熟期を迎えて繁殖可能になります。

発情期の時期と行動

発情は季節が関係しており、1年のうち3月～8月の間が発情期です。その間、オスとメス共通のサインとして、体が脂っぽくなって触るとベタついたり、毛の色が変化したり、フェレット特有の臭いがきつくなったりします。

また、それぞれが違う特徴も出ます。それは、オスは性格が攻撃的になることと、マーキング行動として尿を飛ばす行為が見られる一方で、メスは外陰部がピンク色になり膨張するといった変化が見られることです。

メスは命の危険も

特にこの時期を迎えるメスには大きな問題があります。それは、メスは発情中に卵巣でエストロジェンというホルモンが分泌されるのですが、交尾をさせないとそのホルモンが分泌され続け、血液中に高濃度状態で保たれてしまいます。エストロジェンは骨髄の赤血球と白血球の産生を抑える働きがありますので、発情してから1ヵ月以上放置すると、再生不良性貧血や血小板減少症といった死につながる病気を発症する危険性があるのです。そのため、1ヵ月以内に交尾をさせるかゴナドトロピン（性腺刺激ホルモン）を注射するかして排卵を促し、エストロジェンの分泌を抑えなければなりません。

交尾とその時間

交尾をさせるには、メスをオスのケージの中に入れます。そのとき、相性が悪くケンカするようであれば、いったん引き離し、一定の時間が経った後で再度引き合わせるか、別の個体を引き合わせましょう。

交尾ではオスがメスの首を噛む行為が見られます。メスの排卵を促す刺激を与えるためだといわれます。また、交尾終了までの時間は平均1時間だといわれていますが、短ければ10分前後、長いときには3時間にも及ぶ場合があります。

Check!

フェレットの妊娠・出産

交尾後に受精が成功していれば14日ほどでメスのお腹に小さなくるみ位のしこりができます。妊娠している証拠です。1ヵ月くらい待って何も変化が無ければ、受精はしていないことになります。その際にメスの体は、外陰部が再び大きく腫れたようになって発情が続くことになります。

フェレットの妊娠期間は約42日間です。その間はなるべくフェレットにストレスがかからないように、きるだけ静かに過ごさせましょう。仮にストレスがかかっていた場合、そのストレスで産んだ子を食べてしまうこともありますので注意が必要です。

この妊娠期間中はエサや水をいつも以上に与えましょう。特に出産1週間前は食べる量はいつもの2倍に増え、水も多く飲みます。エサは、高タンパクで高脂肪ものを与えるようにしましょう。

日本の法律とフェレット（1）

動物を飼育する上で、法律のこともおさえておきましょう。自分が飼おうとしている動物が法律においてどのように扱われているかは、飼い主として知っておかなければならないことです。
そこで、このページでは、フェレットがどのような法律の対象になっているのか、その法律では何を求められているのかなどの概要を説明したします。

動物愛護管理法

「動物の愛護及び管理に関する法律（動物愛護管理法）」は、動物に関係するすべての人に適用される基本の法律です。

基本原則として、「動物が命あるものであること」という基本的な認識のもと、動物をみだりに殺したり、傷つけたり、又は苦しめたりすることのないようにするのみでなく、人と動物の共生に配慮しながら、その習性を考慮して適正に取り扱うようにしなければなりません。そして、動物を取り扱う場合には、適切な給餌及び給水、必要な健康の管理をはじめ、その動物の種類、習性等に合った飼育環境の確保を行わなければならないとしています。

この法律の中で飼い主（動物の所有者）に対しては、

・飼っている動物に起因する感染性の疾病について正しい知識を持ち、その予防のために必要な注意を払うように努めなければならない
・飼っている動物の逸走を防止するために必要な措置を講ずるよう努めなければならない
・飼っている動物が、できる限りその命を終えるまで適切に飼養すること（終生飼養）に努めなければならない
・飼っている動物がみだりに繁殖して適正に飼養することが困難とならないように適切な措置を講ずるよう努めなければならない
・飼っている動物が自分の所有であることを明らかにするための措置を講ずることに努めなければならない

などが求められています。

また、ペットショップなどの動物販売業者については、以下の義務が課せられています。

・あらかじめその動物の状態を直接顧客に見せ、対面で当該動物の種類、習性、供用の目的等に応じて、その適正な飼育方法について必要な説明をしなければならないこと
・その行為を行う場所が自己の事業所に限定されること (空港等での販売や移動販売等が実質禁止)

第４条に規定されている

第3章

住む環境を見直そう

～住環境を改善するためのポイント～

ポイント 24

臭いや衛生対策として月に1回入浴させよう

体の汚れを一定期間ごとに洗いましょう。

フェレットに入浴は必要か?

そもそもフェレットには入浴は必要ありません。しかし、そのまま放っておくと体毛の汚れが目立ち、独特の臭いも強くなってきます。そのため、一定期間ごとに専用シャンプーで全身を洗うというのが一般的です。

入浴の準備

洗面台か洗面器、小動物用のシャンプー、乾いたタオル数枚

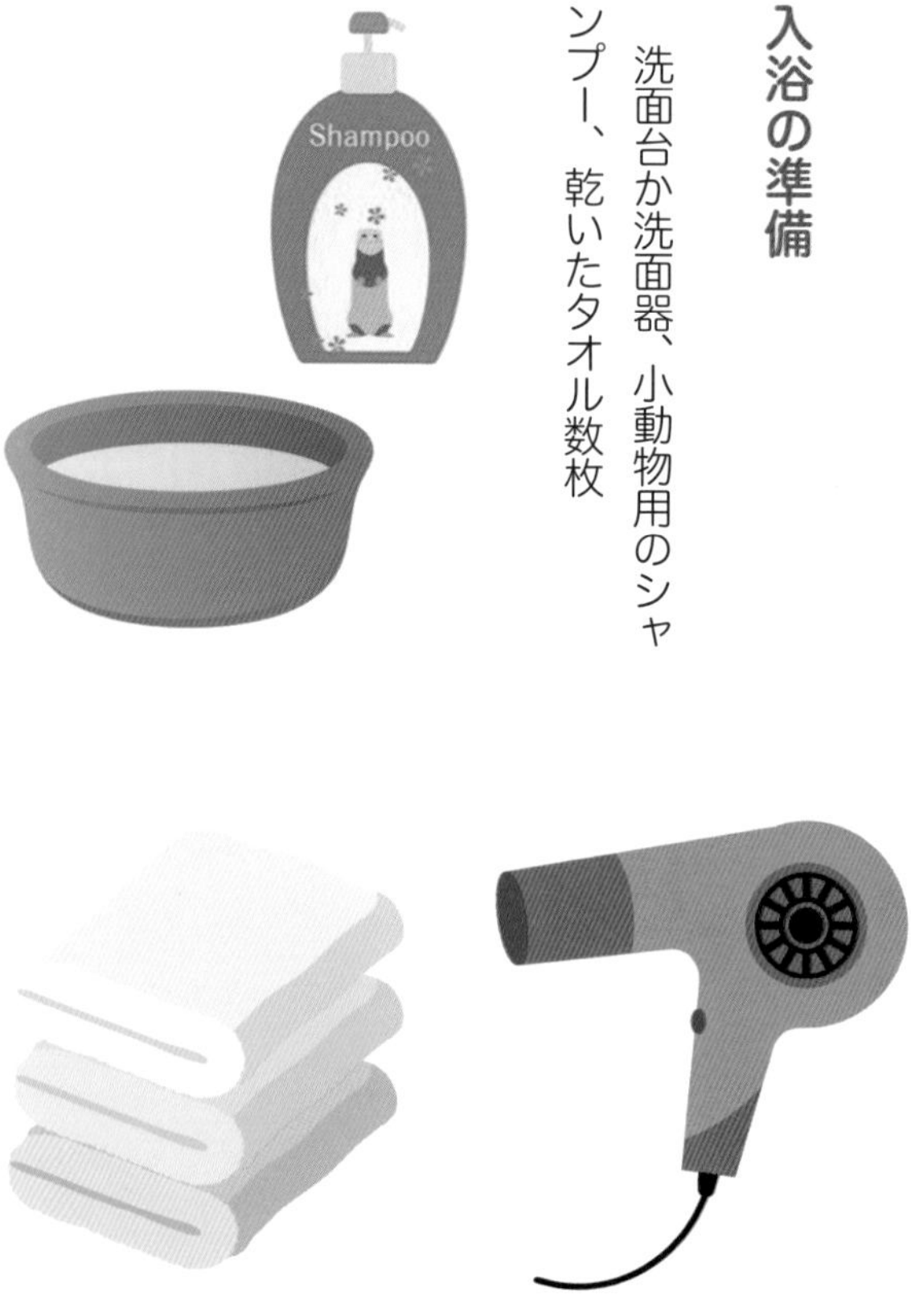

全身入浴・シャンプーの手順

①洗面台かもしくは洗面器にフェレットの体温と同じくらいの温度（38℃程度）のお湯をはります。

↓

②フェレットの体をよく濡らしてから、低刺激性の小動物専用のシャンプーで体を洗います。このとき、目や耳に入らないように気をつけましょう。

↓

③洗い終わったら、シャンプー剤が体に残らないようによく流しましょう。

↓

④流し終わったら、乾いたタオルで全身の水を拭き取ります。

↓

⑤最後に、乾かす際のドライヤーは、近くから温風に当ててしまうと、やけどを負いかねません。フェレットから少し離したところから送風しましょう。

入浴は適切な頻度で

臭いが気になるからと神経質になって、月に何度も洗うことはしないでください。そのようにしていると、臭いの原因となる皮脂がより分泌されて、かえって臭いがひどくなるばかりか、風邪に罹患したり、ストレスで体調を崩しかねません。多くても月に1回程度にしておきましょう。

入浴中のフェレット

部分洗い

フェレットは、ちょっとした隙間が大好きです。入った隙間がほこりだらけの場所であることもあります。そうした、ちょっとしたほこりが付いて汚れてしまう場合もあるでしょう。そのような、お風呂での全身洗いほどではないけれど、汚れが気になる場合には、部分洗いをしましょう。

部分洗いの手順

①洗面器などにぬるめのお湯を入れる。

②汚れた部分をお湯につけてやさしくもみ洗いします。

③汚れが取り除けたら、タオルでよく拭いてください。

特に入浴嫌いなフェレットにはこの方法はおすすめです。全身シャンプーよりも手間や時間がかからずにできます。

お尻や尻尾が汚れてしまった場合も

お尻や尻尾が汚れてしまっても、敢えて全身シャンプーする必要がないことがほとんどです。その際は、部分洗いか、もしくは温めたタオルでその汚れた部分を拭くことできれいになります。

住む環境と飼い方の見直し

ポイント 25

耳や歯の汚れをきれいにしてあげよう

フェレットにとって耳や歯の掃除は必須です。定期的に行いましょう。

なぜ耳掃除が必要か

フェレットは特に耳垢が溜まりやすいため、定期的に耳の掃除をしてあげましょう。

もしも耳掃除をしないままでいると、耳からの臭いがきつくなったり、外耳炎、耳ダニ症（P106参照）の発症につながる恐れがあります。健康維持のためにも耳のケアが必要です。

保定する

まずはフェレットの首の後ろの皮をつかむ保定（ポイント29参照）を行います。嫌がることが多いため、落としてしまわないためにも、しっかりとつかんで行いましょう。

1人で行う場合は片手でつかんで、もう片方の手で耳掃除を行いますが、それがうまくできない場合には、2人で役割を分担して行いましょう。

準備する物

フェレット専用イヤークリーナーは通販などでも購入できますので、あらかじめ購入しておきましょう。

・イヤークリーナー
・綿棒
・ティッシュペーパー

掃除の範囲と頻度

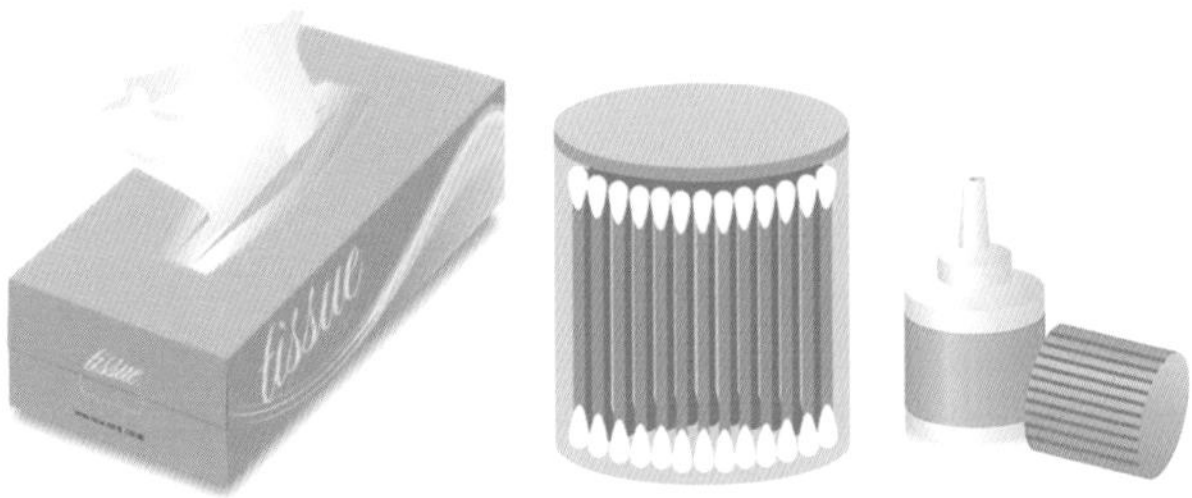

耳の奥の方まで綿棒を入れてしまってケガをさせないためにも、耳の入口付近の掃除だけでかまいません。1週間～2週間に1回程度が目安です。耳掃除は生後2～3ヵ月目あたりからできますので、幼齢の子を飼育している場合には、小さいうちから慣らしておくといいでしょう。

耳掃除の方法

イヤークリーナーを数滴耳にさして、浮かび上がった汚れを綿棒を使い優しく取っていきます。このときに、決して無理に綿棒を耳の奥まで押し込んだり、力を入れてグリグリしたりしないように気をつけてください。このようにして、両耳の掃除をします。

対策

嫌がる子への対処法

通常、フェレットは耳が濡れるのを嫌がります。保定されても暴れますので、そんなときは、イヤークリーナーを耳に入れるのではなく、綿棒のほうにイヤークリーナーをつけて湿らせてから掃除をする方法が良いでしょう。また、多くのフェレットが大好きなフェレットバイトを舐めさせている間に行う方法も効果的です。どうしてもうまく耳の掃除ができないときには試してみましょう。

なぜ歯の掃除が必要なのか

歯肉炎や歯周病（ポイント44参照）を予防するために、歯垢が歯石になる前に歯の表面に付着した歯垢を取り除きます。歯磨きは毎日行えればベストですが、少なくとも2～3日に1回定期的に行いましょう。

準備する物

ガーゼ、ペット用の歯磨きジェルなど。

歯磨きの方法

指にガーゼを巻いて、丁寧に歯の表面の汚れを落とします。ペット用の歯磨きジェルなども市販されていますので、使うと便利です。噛まれないように注意しながら行ってください。どうしても嫌がる子には無理にせず、そのような場合は、噛んで遊ぶ遊具などを与えると多少の効果はあります。

小さなうちから慣らしておこう

歯磨きは習慣として慣れることが大事です。フェレットは生後2～3ヵ月で、乳歯から永久歯へと生え変わります。幼齢の子から飼育している場合は、それを機にできるだけ早いうちに歯磨きを経験させて、早く慣らすようにしましょう。

爪は1カ月に1回は切ってあげよう

爪が伸びたら適切に処置してあげましょう。

フェレットは爪切りが必要

野生であれば、穴を掘ったり、野を駆け回ったりしているうちに爪がすり減っていくので、爪切りをする必要がありません。しかし、飼育下のフェレットは野生の環境とは大きく異なり、爪が削れる機会がなく爪が伸び放題の状態になります。個体によって違いがありますが、伸びるのが早い個体の場合は、1ヵ月に1回は爪を切りましょう。

伸びすぎた爪を放っておくと、フェレットの活動に悪影響が出るばかりか、何かに引っかかってケガをしたり、持ち上げたときに飼い主の手や腕などを引っかいたりして傷をつけてしまいかねません。

爪切りのタイミングと方法

成体の目安としては、爪がピンク色の部分（血管）から5㎜程度伸びていれば切った方が良いタイミングです。

爪切りの方法としては、保定（ポイント29参照）を行ってから爪切りを始めます。切るのは先端から1㎜で充分です。

このようにして左右の前足が終われば、次に後ろ足も同じように爪を処置します。もし1人ではやりにくいようであれば、2人で行うと良いでしょう。

保定して爪切りを行う

爪を削る

どうしても深爪が心配な場合は、切るのではなくて削る方法もあります。爪やすりで削ってあげると良いです。爪やすりは市販されている小動物用のものを使いましょう。行う方法は前述の爪切り同様の方法か、網目の細かいキャリーやケージに入れて、好きなおやつで誘導している間に網目から出た爪を削るという方法もあります。

対策 深爪して血が出てしまったら

爪切りの際に誤って深爪してしまい、フェレットの爪から血が出てしまった場合は、慌てず清潔なガーゼなどで傷口を抑えてあげましょう。

その傷口から血がわずかににじみ出る程度でしたら、数十秒から数分程度止血していれば血は止まります。しかし、もしも出血がひどかった場合には市販のペット用止血剤をつけてあげましょう。このようなことは起こり得ますので、まだ慣れていないうちの爪切りの際は、必ず止血剤を側に置いて行うようにしてください。なお、万が一、出血がひどい場合には、エキゾチックアニマルを診療している動物病院で治療してもらうことをおすすめします。

ポイント 27

より仲良くなるためには ブラッシングも効果的

コミュニケーションの手段としてもやってあげたいブラッシング。
換毛期を除けば、1週間に1回程度で大丈夫です。

飼い主がブラッシングする意義

フェレットは品種によって違いはありますが、一般的には毛は短く、毛並みは飼い主が何もしなくてもある程度整っています。ではなぜ、飼い主がブラッシングしてあげると良いのでしょうか？ それは、幾つかの飼育上での効果が見込めるからです。その効果について説明いたします。

毛の中の汚れを取る

毛の中に入って付いた汚れは、なかなか取り去ることができません。ブラッシングは、そうした毛の中の汚れを取り去る効果があります。あまりにも毛が汚れている場合にはフェレットに入浴させる方法もありますが、そこまでは必要ない場合にはブラッシングが効果的です。

ムダ毛や換毛期の抜け毛を取る

日常でもそうですが、特に春と秋の換毛期には、毛が多く抜け換わります。その際にフェレットは、自ら毛づくろいをしているときに、なめ取って多くの毛を飲み込んでしまいます。これが問題なく排せつ物として体外に出せれば問題はないのですが、ときに胃や腸内にたまってしまうと病気（毛球症／

P108参照）の原因になる危険性があります。そこであらかじめ飼い主がブラッシングすることで、そうした毛を取り除くことができます。

換毛期には、少なくとも2～3日に1回の割合でブラッシングを行ってください。

健康状態をチェックする

皮膚や被毛の状態を確認する機会になり、フェレットの健康状態のチェックになります。また、血行を良くするマッサージ効果も見込めます。

ブラッシングの方法

抱っこをして、やさしく声をかけながらブラッシングしましょう。

左からスリッカーブラシ、両目グシ、獣毛ブラシなど

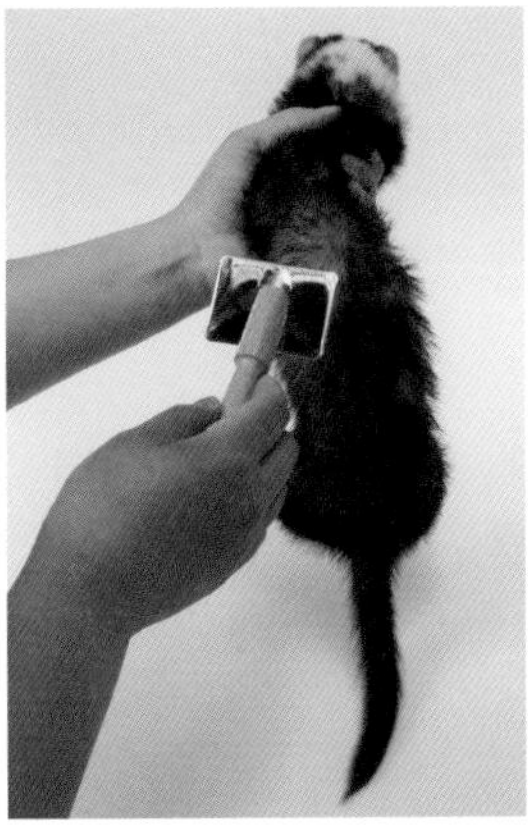

首から背中にかけてスリッカーブラシでブラッシング
力を入れずに行いましょう

ブラッシングを嫌う子にはしない

ブラッシングは、その子が飼い主に馴れてから行いましょう。馴れてないうちにブラッシングをしようとすると怖がってしまい、ストレスになります。

まずは飼い主とフェレットが仲良くなることが前提となります。次に飼い主の手に馴れることも大切です。飼い主が手で撫でても大丈夫であればブラッシングも可能だと判断できます。

ただし、どうしてもブラッシングが嫌だという子もいます。ストレスになってしまうようであればブラッシングを止めてあげてください。

ポイント 28

信頼関係を深めるしつけ方は叱るタイミングが大事

フェレットは頭の良い動物なので、ある程度の行為に対して飼い主がしつけることができます。

しつけに大切な心得

人間とフェレットとがお互いに気持ち良く暮らすためにはルールが必要です。それがしつけです。しつけに大切な心得が3つあります。

まず1つ目は、やってはいけない行動をとったときに、その場で叱るということです。

あとで叱ろうと時間をおいてしまうと、フェレットは何で叱られているのかわかりません。タイミングに気をつけましょう。

2つ目は、叱る内容には「一貫性」をもたせる、です。

これは一匹のフェレットに対して何人もの家族でお世話しているときに、特に気をつけなければなりません。例えば、噛み癖を止めさせるしつけを行っているときに、家族の一人が噛んだときにおやつを与えるなど、逆のことをやっていると、一向に噛み癖は直らないでしょう。一貫性をもたせることが大事です。

そして3つ目は決して体罰を与えない、です。

頭や鼻を強く叩くなどの体罰は、一時的には効果がある場合もあるでしょうが、根本的なフェレットと人間との信頼関係を崩しかねません。絶対にやらないでください。

なお、叱るときは、フェレットの首の後ろの皮膚を、がっちりとつかんで持ち上げると、フェレットの動きを封じることができます。

そして、やや強い口調で「ダメ！」と言います。同じ行動を繰り返すときは、根気よく飼い主が毅然とした態度で叱ると、そのうちにやらなくなるでしょう。

噛み癖のしつけ

人や物に噛みついてしまう噛み癖は、飼い主であればすぐに止めさせたい行為です。まずそれには、なぜフェレットは噛みついてしまうのか？ その原因を理解することが不可欠です。必ずしも攻撃しているわけではないのです。その理由としては、驚いたり不安や恐怖を感じたり、あるいは体調が悪かったり、興奮しているときに噛みつきがちです。また、お腹がすいたとき、遊びたいとき、幼齢期の場合は、歯の生え変わりの時期でむずがゆいときにも噛みついてしまうことがあります。

そのことを飼い主側で理解したうえで、人を噛んだり、物を噛んだりしている姿を見つけたら、その場で強い口調で叱ってください。ちなみに、手や指に噛みつかれたときは、すぐに手を引くと思わぬ大ケガをしてしまうことがあるため、逆に手や指を押し付けたり、鼻をつまむなどをして口を開けさせましょう。

トイレのしつけ

フェレットには隅っこで排せつをする習性があります。ケージの場合は、その四隅のどこかに排せつしますので、そのどこかにトイレを置きましょう。

トイレはフェレットが場所を覚えるまで、糞のかけらをトイレ砂の上に置くなどして、ここがトイレであることを教えましょう。逆に、トイレではないところで排せつした場合は、その場所にはできるだけ臭いが残らないようにきれいに清掃しておきましょう。

ポイント
29

安心感を与える上手な抱き方、運び方を習得しよう

恐怖心を与えることなく安心感を与える、上手な抱き方・運び方をマスターしましょう。

上手な抱き上げ方を覚えよう

フェレットを飼育するうえで、健康管理やグルーミング、ケージの外で遊ばせるときや病院に連れて行くときなど、抱き上げる行為はお互いにとって大事なことです。

フェレットが飼い主に慣れてきて、飼い主がフェレットの体に触っても怖がらなくなってきたら上手な抱き上げ方を覚えて、その後の飼育に役立てましょう。

目線を合わせて向かい合う

懐いているフェレットでも、突然体に触られたり抱き上げられたりすると驚いてしまいます。なかには単純に触られることが苦手な子もいます。

まずは、目線を合わせて向かい合い、名前を優しく呼んであげるなどの声をかけて、こちらの存在を知らせてから抱き上げましょう。このとき、首の後ろの皮をつかんで優しく持ち上げるのがコツです。不安定な場合はもう一方の手のひらで軽く

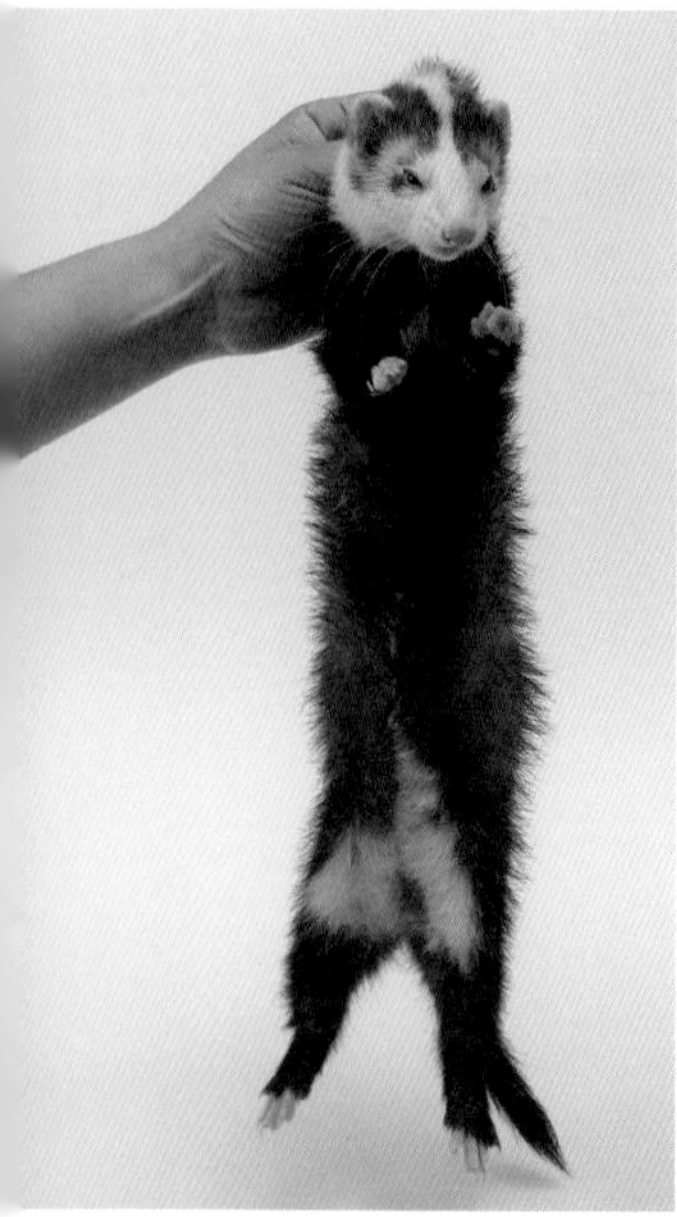

首の後ろの皮をつかんでも
フェレットは痛くありません

足を支えてあげると良いでしょう。この持ち方は、フェレットにグルーミングをする際の「保定」の持ち方でもあります。

安定した状態で抱き上げよう

フェレットを抱き上げたら片手で背中を押さえ、もう一方の手でお尻を支えて、人の体につけるようにして抱っこしましょう。

不安定な抱き上げ方をするとフェレットが暴れて落下してしまい、歯を折ったり、骨折したりしてしまうこともあるので、しっかり安定した状態で抱っこしましょう。また、あまり高い位置で抱っこしないようにしましょう。

抱き上げるほうも安定した姿勢が大切

お子さんが抱き上げるときの注意点

小さなお子さんが抱っこするときは、手のサイズも小さいため、タオルにフェレットを乗せてから抱っこをさせることがおすすめです。

タオルを使った方法で抱っこをすることで、フェレットが安心して落ち着いてくれたり落下を防止したりすることができます。

NGな持ち上げ方

やってはいけない持ち上げ方としては、上から突然つかむような持ち上げ方です。やってしまうと恐怖心を与えてしまうこともあります。小動物全般に言えることでもありますが、猛禽類などの外敵に襲われる際にはそうなるように、突然足が空中に浮くとそれだけで本能的に不安になります。持ち上げるときは前述の方法で、事前に一声かけて持ち上げるようにすると、飼い主とより良い関係ができるでしょう。

ポイント
30

2週間に1回はケージの丸洗いをしよう

フェレットを病気から守るためにも、定期的にケージやその中の物の大掃除を行い、生活環境を清潔に保ちましょう。

ケージは2週間に1回、その中の物は週に1回は大掃除しよう

ケージにはプラスチック製、アクリル製、金網製がありますが、定期的に丸洗いは欠かせません。毎日行う清掃（ポイント12参照）に加えて、2週間に1回はケージの丸洗いと、週に1回はその中の床敷き、トイレ、食器、給水ボトル、おもちゃなどを丸洗いし、殺菌しましょう。汚れが特にひどくない場合は、お湯とスポンジで洗浄すると良いでしょう。その後、乾燥させた後で床敷き、トイレ、食器、給水ボトル、おもちゃには除菌用のスプレーをかけておきましょう。中でも床敷き、トイレ、食器、給水ボトルは洗った後で乾燥させるため、予備があると便利です。前もって乾かしておいたそれらとすぐに交換できます。また、洗った後のものは、天日干しでじっくりと乾かすことができます。

大掃除の方法

給水ボトルは、中までよく洗浄しましょう。また、床敷きとして木製チップや牧草を敷いている場合は、一見きれいな状態のように見えても、排せつ物がかかっている場合もあります。週に1回はすべて新たな床敷きと交換することをおすすめします。この交換を忘

れると牧草は腐ってしまうこともあって、不衛生なだけでなく病気の原因となることもあります。

あまり目立たない隙間もチェック

トイレの習慣が充分でないフェレットの場合、排せつ物は、アクリル製のケージであれば、壁面の通気口や下の部分にある排せつ物を受けるトレーやその周辺のわずかに空いた隙間などにも飛び散っていることがあります。そうした細かな部分も清掃しましょう。また金網製のケージでは、ケージの周辺に排せつ物が飛び散っていることもあります。ケージ清掃だけではなく、その周囲も清掃しておきましょう。

Check!

ケージの水洗いの流れ（金網製の場合）

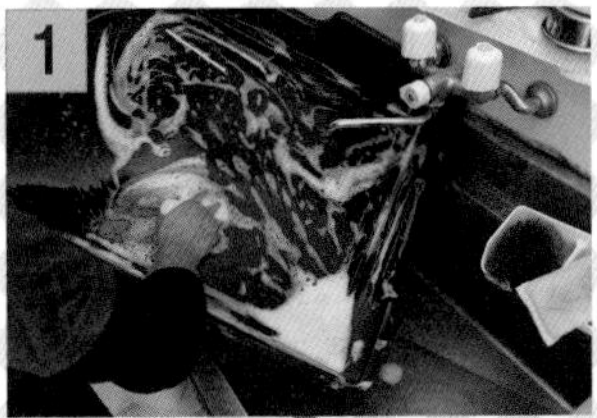

ケージを上の網部分と下の受け板部分を離して、下の部分を洗剤をつけて丹念に洗う。特に糞や尿が付着する底の部分をまずはよく洗いましょう。

特に角は見落としがち。入念に洗いましょう。

同様に側面の部分もきれいに洗いましょう。

次に、上部の網目の部分も同様に洗剤をつけた布で全体の汚れを落とします。

洗剤を落としたら乾ぶきして終了。

ポイント 31

フェレットがストレスを感じる場所にはケージを置かないようにしよう

フェレットが快適に過ごせる環境を整えるためにも、ケージの置き場所を工夫しましょう。

設置する場所の基本

ケージを設置する場所の基本は、飼い主の目が届き、静かで適切な温湿度管理ができる場所です。また、飼い主にとっては寝ている夜中に、夜行性のための活動音に悩まされないことが大切です。

直射日光があたる窓際には置かないようにしよう

ケージはフェレットが安心して暮らせる場所に置きましょう。

直射日光があたる窓際はケージ内が熱くなりすぎてしまいます。また、外からの風が入りやすく、気候によってケージ内の温度差が激しくなるので、なるべくこの場所にケージを置かないようにしてください。

大きな音が出ているＴＶや音響機器の近くは避けよう

聴覚が発達しているフェレットは、騒がしい音がするＴＶや電化製品の近くにも置かないようにしてください。生活音として聞こえる程度であれば問題はありません。

エアコンの送風が直接当たる場所を避けよう

エアコンの送風が直接当たる場所も体温調整が難しくなるので避けましょう。

ドアの近くに置くのも避けよう

ドアの近くは人の出入り音と外気が入るため、落ち着かない場所であると同時に温度管理もしにくい場所になります。避けたほうが良いでしょう。

小動物がいる場所の近くも避けよう

小鳥、ハムスター、ウサギなどの小動物がいる場所の周辺にケージを置くことも避けましょう。それらの小動物はフェレットにとって捕食の対象となる動物です。それらの小動物にとってもストレスになりますし、フェレットにとっても狩猟本能が満たされないためストレスになります。

床から少し高い場所に置く

床は思っている以上に気温の寒暖差があり、歩いたときに埃が舞い上がって振動も響きます。

キャスター付きのケージを選ぶか、台を置いて床から20～30㎝の場所にケージを置くことが望ましいです。

Check!

その他、ケージの設置に不適切な場所

フェレットのケージを置く場所として、騒がしくない場所だからと言って、「寝室」や「物置」、「倉庫」といったふだんあまり目が届かない場所もふさわしくありません。

フェレットは飼い主に馴れてくると、逆に飼い主の存在が近くに感じられない場所に置かれると、かまってもらえず寂しく思うあまりに、放っておかれることにもストレスを感じやすくなります。特に単頭飼育の場合はなおさらです。

とはいえ、静かな場所でよくかまってあげられるからと子供部屋に置くのも、場所として適切ではない場合があります。なぜなら、あまりかまいすぎで、フェレットが休息することがあまりできなくなることが懸念されるからです。いずれにせよ、安心・安全で、かつ適度にかまってもらえるような飼い主に近い場所がフェレットにとっては快適な場所となります。

ポイント

32

お留守番

飼い主が一時的に世話ができなくなった時の対処法を心得ておこう

一人住まいの飼い主が、何かの事情で一時的に世話ができなくなるときの対処法を心得ておきましょう。

家での留守番は1泊2日まで

旅行や出張の予定ができて自宅を留守にする際に、フェレットをどうするのかを早めに考えて準備をしましょう。

フェレットを家で留守番させるには、高齢でない健康なフェレットが前提となりますが、基本1泊2日までです。もちろん、飼い主が留守にしている間も温度管理がなされていることが条件となります。停電やエアコンの故障などのトラブルがあった場合はこの限りではありません。

飼い主が留守にする間、フェレットにとって問題なのは、水やエサ、そしてケージ内に落とされた排せつ物などの掃除ができないという衛生面での問題です。さらに、ケージの外で遊びたいという思いが叶わずにストレスを溜めてしまうことです。

家族や友人、ペットシッターに留守中のお世話を依頼しよう

留守番の準備

留守番時には、予定日数分より多めの主食（ドライフード）を用意し、給水ボトルは複数本取り付けておきましょう。そのまま置いておくと傷みやすい副食は、1回で食べきれる量にしておきましょう。

ペットシッターに来てもらう

留守番の間、自宅でフェレットのお世話をしてくれるペットシッターにお願いするという方法もあります。

事前に世話の仕方やフェレットの性格などをしっかり伝えて、打ち合わせをしてください。

家族や友人にお願いする

留守番時に家族や友人に家に来てもらって、世話をお願いする方法や、その人の自宅で預かってもらうという手段もあります。

その場合は、温度管理の仕方や食事の量をはじめ注意するべきことなどをメモに書き、渡しておくといいでしょう。

なお、家族や友人の家で預かってもらう場合には、他の動物がいないかといった点は事前に確認し、もしいる場合は、一つの部屋に一緒にすることは避け、なるべく離れた場所にケージを置いてもらいましょう。

Check!

ペットホテルに預ける場合の注意点

特にペットホテルに預ける場合は、年齢の制限があることもあるので、事前にしっかりチェックしておきましょう。預かってもらえることが確認できたら、予約したい日が空いているかを確認して予約し、実際に預けるときに予定日数分より多めの食事を持参しましょう。預ける際に注意点がある場合は、必ず担当の人に伝えておいてください。

ただし、フェレットは警戒心が強く臆病な性格のため、違った環境に慣れることが難しいことと、他の動物の鳴き声にも大きなストレスを感じてしまうため、なるべく小動物専用ルームがあるペットホテルを探しましょう。

なお、もしもフェレットの体調に不安がある場合は、ペットホテルを併設している動物病院に預けると良いでしょう。

ポイント 33

春は気温の寒暖差に気をつけよう

春は、昼夜の寒暖差に注意しましょう。

春は気温の寒暖差に気をつけよう

春は、日中はポカポカと暖かいですが、明け方や夜はまだまだ冷え込んで寒く、昼間と朝晩の気温に寒暖差がある時期です。人間の体感ではとても暖かくなったように感じて温度管理への注意を怠りがちですが、場合によってはヒーターで保温したり暖房をいれたりする必要もあります。特に幼齢、高齢、闘病中などのフェレットにとって急激な冷え込みには注意が必要です。

大型連休に家を留守にする場合は

ゴールデンウイークの時期に入ると帰省や旅行で家を留守にする人も多いかもしれません。

しかし、ゴールデンウイークの時期は寒暖差を予想するのが難しい時期でもあります。日中は真夏のような暑さになることがある反面、朝や夜は寒さが残る場合もあるため、うっかりして暑さ対策をせずに留守にしてしまい、フェレットを熱中症で死なせてしまうといった不幸な事故を起こしかねません。そうしたことの無いように、留守中の管理に不安な場合は、事前に対処法を考えておきましょう。

(ポイント32参照)

四季に合わせた環境づくり

夏は衛生面や温度管理に細心の注意を

暑さには弱いフェレット。熱中症にかからせないために温度管理を徹底しましょう。

熱中症に注意

夏の時期は、室内の温度が最高でも28℃以上にならないように注意しましょう。

ケージの設置場所の工夫や風通しを良くするなど自然冷却により室温が快適な範囲内（25℃以下）に収まらない場合は、エアコンを使用してケージのある部屋全体の室温を下げましょう。また、さらにケージ内には冷却グッズを置くなど、暑さ対策を行うことがおすすめです。ただし、このときにフェレットの体を逆に冷やしすぎないように、エアコンからの送風は直接当たらないように注意し、できればそよ風程度の空気の流れをつくるために扇風機の首振り機能を使ってあげるといいでしょう。なお、室温とケージ内は温度の差が生じますので、適宜温度を確認するようにしましょう。

水の補給とエサの適切な管理が大事

この時期は、特に新鮮な水との交換や水を切らさないように注意して下さい。

また、エサがカビたり傷んだりしやすいため、与える前のエサは冷暗所や冷蔵庫に保管してしっかり管理しましょう。一度置きエサとして与えた食べ物の食べ残しは、すぐに捨てるようにしてください。

35 秋は冬に向けての保温対策の準備をしよう

秋は冬の寒さに向けての準備期間となります。フェレットにとって快適な環境づくりをしてあげましょう。

換毛期の抜け毛を取る

秋から冬にかけて換毛の季節です。夏毛が多く抜け冬毛に換わります。フェレットが自らグルーミングしながら多くの毛を飲み込まないようにブラッシングしてあげましょう。（ポイント27参照）

冬に向けての保温対策

秋は日中と夜とで、寒暖差が激しくなる時期です。季節の変わり目は体調をくずしやすいので、特に早朝の冷え込みと日中の高温に注意してあげましょう。

部屋の温度が24℃を下回ったら、冬に向けての寒さ対策を始めましょう。室内の温湿度管理をしっかり行い、エアコンや小動物用のペットヒーター、ケージの外側から局所的に暖められるヒーターなどを置いて、保温対策をとるようにしましょう。

ペットヒーターはフェレットにかじられないように対策を施されている商品を選ぶことが得策です。

特に幼齢、高齢、闘病中は、急な寒さで命を落とすこともあるため要注意です。

また、最適だと感じる温度は個体によって異なります。日頃からフェレットの様子をよく確認して、成長段階や健康状態に合わせて、その個体に合った暖かく過ごせる環境をつくってあげましょう。

36 四季に合わせた環境づくり
冬は乾燥と温めすぎに要注意

冬は、暖かな環境をつくることはもちろんのことですが、乾燥や温めすぎに注意しましょう。

なるべく暖かい環境をつくる

防寒対策として、直射日光が当たらない程度の窓の近くや隙間風が入ってこない場所、なるべく温かくて温度差があまりない場所にケージを設置するようにしてください。また、対策として、ケージ全体を毛布やタオルケットなどで覆う、ケージの外側を段ボールやウレタン素材などの囲いで覆う、ケージを床に直接置いている場合には床から少し高い位置に上げて置く、などは有効な方法です。

なお、乾燥にも注意しましょう。最適な湿度は50％前後です。

暖気からの逃げ場をつくることも大事

フェレットは暑さに弱いため、部屋の暖房は26℃以上にならないようにしてください。

ケージ内を過度に暖めすぎてしまうと低温やけどを起こしてしまう危険性があるので注意が必要です。例えば、ケージの下に敷く小型のホットカーペットを利用する場合は、全面を暖めるのではなく、反面程度か一部を暖めて、フェレットが快適な場所を自ら選べるようにしましょう。暖房器具にひよこ電球や湯たんぽなどを使うときも同様に、暑くなったときに逃げられる場所もつくってあげましょう。

脱走対策

脱走したことがわかったときの探し方をおさえておこう

フェレットは脱走が得意です。
もしも脱走したときの飼い主さんの行うべきことを知っておきましょう。

脱走対策は必須

ケージから外に出たとき、部屋の窓や家の出入り口のドアが開いていれば、すんなり野外に出てしまうでしょう。また、閉めたつもりのドアであっても簡単に開けられてしまうこともあります。充分注意しましょう。

さて、飼い主さんが根本的に認識していなければならないことのひとつに、フェレットには「帰巣本能がない」ということがあります。つまり、飼い主さんが探し出さない限り、戻ってくることはほとんどありません。そこで、もしも脱走してしまったときに飼い主さんが行うべきことをまとめてみました。

周辺を探そう

フェレットが家からいなくなったことがわかったら、ただちに周辺を探しましょう。身が隠せる物陰や、穴、トンネル状の場所などを見ましょう。

なお、探しに行く際は保護した際に使うキャリーケースを持参していきましょう。

周辺で見つけられないときには関係機関に連絡しよう

次の関係機関に連絡します。

◆いなくなった場所の交番、警察署：「遺失物」として届けておくと、誰かが保護して警察に届けてくれた際に、連絡がもらえます。

◆保健所、動物愛護センター／動物保護センター：連絡や届け出をしましょう。

なお、すぐには登録されないかもしれませんが、迷子の動物が保護された場合は、以下の検索サイトで見つけることができるかもしれません。

［環境省収容動物データ検索サイト］
都道府県等の動物保護センター・保健所などに収容された動物が検索できます。しばらくしても見つからない場合はチェックしてみましょう。
https://www.env.go.jp/nature/dobutsu/aigo/shuyo/index.html

◆行動範囲内の動物病院やペットショップ：どこまで逸走しているかはわかりませんが、可能な限り範囲の予想を立てて、その範囲内にある動物病院やペットショップにも声をかけておきましょう。保護してくれた人からの問い合わせが動物病院やペットショップに入るかもしれません。

チラシやポスターを作成して呼びかける

何か手がかりがつかめる可能性がありますので、チラシやポスターを作って近所の人に配ったり、近隣のお店や動物病院、掲示板などに許可を取って貼らせてもらいましょう。

その際は、フェレットの特徴（大きさや体色など）やいなくなった場所、連絡先などを書いておきましょう。

チラシの例

無事に見つかったら

まずは、すぐにかかりつけの動物病院で検診を受けましょう。見た目に何事もない様子でも、ケガをしていたり、栄養失調になっていたりする可能性や、寄生虫などが付着している可能性があります。検診後は獣医師の指示に従ってください。

日本の法律とフェレット（2）

動物愛護管理法（コラム２）以外にも、フェレットに関わる重要な法律、地方での条例があります。

外来生物法

「特定外来生物による生態系等に係る被害の防止に関する法律」（外来生物法）では、フェレットと同じイタチ属のアメリカミンクが「特定外来生物」の指定を受けています。そして、輸入、運搬、飼育、販売、譲渡、放出などが原則禁止されています。

また、特定外来生物と近縁の生物で、生態系などに被害を及ぼすかどうか未判定である「未判定外来生物」という括りも定められています。フェレットはそのどちらにも指定されてはいませんが、もしも飼い主から捨てられたり逸走したりした場合には生態系被害が大きいとされ、「生態系被害防止外来種」の中の「定着予防外来種」に指定されています。そのため、輸入の際には「種類名証明書の添付が必要な生物」です。

感染症法

「感染症の予防及び感染症の患者に対する医療に関する法律」（感染症法）において、フェレット等の哺乳類やハムスターやリス等のげっ歯類、インコ等の鳥類については厚生労働省検疫所への輸入届出の手続きが必要となります。

また、フェレットに関する感染症で対象になるのが「狂犬病」（四類感染症）です。

日本では、フェレットの狂犬病予防接種は一般的ではありませんが、アメリカでは狂犬病に感染した野生動物が報告されているため、予防接種が推奨されています。

届出には、輸出国政府が発行した衛生証明書の提出を含む、届出要件を満たす必要があります。衛生証明書の内容には、①出発時に狂犬病などの症状がないこと、②狂犬病の発生していない地域・施設で一定期間（発生国・非発生国により期間が異なる）または出生以来保管されていたことなどの証明が必要です。

北海道で飼育する場合は申請必須

「北海道動物の愛護及び管理に関する条例」において、フェレットは、野生化による生態系の攪乱防止、農業被害の発生防止のために「特定移入動物」に指定されています。そのため、飼養する場合は知事へ届出が必要なためにくれぐれも注意しましょう。

輸入届出が必要な動物たち

第4章

ふれあいを楽しもう

~お互いもっと楽しい時間を過ごすためのポイント~

ポイント 38

鳴き声から感情を読み取ろう

フェレットは自分の感情を鳴き声で伝えます。聴き分けられるようになれば、フェレットとのコミュニケーションがさらに深まります。

フェレットの鳴き声の特徴を覚えよう

フェレットは、他のフェレットとコミュニケーションができるように、さまざまな鳴き声を発することができます。

鳴き声の特徴を覚えて、フェレットが鳴いたときに今どのような状態なのかを理解しておくといいでしょう。

寂しいとき、かまってほしいとき（特に幼齢期）

「クゥー」「キュー」と鳴きます。孤独を感じたり、独りでいるのが寂しいとき、不安を感じたりしたときに鳴きます。

ご機嫌、嬉しい、楽しいとき

機嫌がいいとき、嬉しいときにやや高めに「クックックック」と鳴きます。

一緒に遊びたいとき

「クックックック」と鳴きます。

不機嫌なとき

低く「クウクウクウ」と鳴きます。

警戒・威嚇しているとき

「シャーシャー」や「シューシュー」と鳴きます。かまうと強く噛まれる可能性があるため、気をつけましょう。

痛いとき

「キャン」「キュン」、痛みが連続するときは「キャンキャンキャン」と激しく鳴きます。

フェレット同士のバトルで相手に負けているとき

「クオッ」と鳴いて退散したりします。

気持ち別鳴き声表

鳴き声	表わしている気持ち・心の状態
「クゥー」「キュー」	寂しいとき、かまってほしいとき（特に幼齢期）
やや高めに「クックックック」	ご機嫌、嬉しい、楽しいとき
「クックックック」	一緒に遊びたいとき
低く「クウクウクウ」	不機嫌なとき
「シャーシャー」「シューシュー」	警戒・威嚇しているとき
「キャン」「キュン」	痛いとき、痛みが連続するときは「キャンキャンキャン」
「クオッ」	フェレット同士のバトルで相手に負けているとき

よくするしぐさや行動から感情を読み取ろう

フェレットはしぐさや行動からもその感情を読み取ることができます。その意味を理解して、コミュニケーションをさらに深めましょう。

元気よくジャンプ、甘噛み

遊んでほしいということを体を使って表現します。

背中を弓のように曲げて元気よく体を捻りながらジャンプします。フェレットはあまり高く飛べませんが、ピョンピョンとジャンプします。ときには甘噛みしてくることもあります。遊んでいるときに背中を曲げてジャンプするのは、楽しくて大興奮していることを表現しています。

尻尾を振る・尻尾を逆立てる

怒っている、何かに不安がっています。多頭飼いの場合は、フェレット同士の激しいバトルが始まる場合もありますので注意が必要です。

後ずさりする

尻尾を膨らませる

遊びに夢中で、興奮しているときによく見られます。一方、何かに恐怖を感じているときにもこの状態が見られるため、もし恐怖を感じているようであれば、その原因を取り去ってあげましょう。

じゃれ合いバトル

フェレット同士はよくじゃれ合いバトルをします。お互い噛みつき合ったり、上になったり下になったり転げ回ったりします。

後ずさりする

単に後ずさりする場合は、不安や怖さを感じています。部屋やケージの角に向かって後ずさりする行動は、トイレがしたくなった行動です。トイレに連れて行きましょう。

飼い主のあとをついてくる

飼い主のあとをべったりとまとわりつきながらついてくるのは、甘えたいという気持ちの表れです。抱っこしてあげるといいでしょう。

飼い主のあとをついてくる

室内遊びは落下や異物の飲み込みに注意しよう

フェレットを家の中で遊ばせる際の注意点をあらかじめ理解しておきましょう。

室内遊びはあらかじめ部屋を点検してから

フェレットが、飼い主と新しい環境に慣れてきたら一緒に遊びましょう。

飼い主とのいいコミュニケーションの時間にもなりますし、ストレスや運動不足解消にもつながります。

しかし室内遊びは、危ない場所がないように部屋をきれいに片づけてから行うことが前提です。目を離した隙にフェレットが高いところから落下してケガをしたり、落ちている物を飲み込んだりかじったりしないように、最後までしっかりと見守ってあげましょう。

室内遊びの時間の長さ

室内遊びは1日1～2時間ほどで、飼い主が無理のない時間の範囲内でさせるといいでしょう。し

室内遊び中によくある危険行為の例

危険行為の例
窓が開いていて、外に出て行ってしまう
物と物との間の狭い隙間に入ってしまう
食べてはいけないものを食べてしまう

かし、必ず毎日やってあげましょう。

その子によってケージの外で遊んでいたいと思う時間に差があるので、そのフェレットの満足時間はどのくらいかを記録しておくといいでしょう。そうすれば、飼い主にとっても室内遊びさせる時間の計画が立てやすくなります。

室内遊び前の注意

排せつは事前に済ませましょう。特に寝起きすぐは排せつ物が多く出ます。また、遊びは食事前に行いましょう。また、冬はエアコンをかけて温度調整をしても、フローリングの床が冷たいままの状態だと、フェレットの体は冷えてしまうので注意しましょう。室温は、フェレットの最適な温度である15～25℃の環境を保つようにしましょう。

危険な場所がないように部屋を点検してから遊ぶ

対策 蚊帳の中で遊ばせる

安全で飼い主にとっても見守りが簡単な方法として、蚊帳の中で遊ばせる方法があります。

蚊帳を広げることによって、そこに簡単に安全なスペースをつくることができます。

特にワンルームのマンションなどに飼い主が住んでいる場合、フェレットを遊ばせる専用スペースの確保が難しいと思います。そのような方におすすめです。

なお、使用する蚊帳は、底があるタイプのものを選んでください。底のない蚊帳はフェレットが簡単に通り抜けして外に出てしまいます。また、丸洗いができる蚊帳を選びましょう。

ポイント41

もっと仲良くなれる楽しい一緒の遊び方を知ろう

遊び方はいろいろ。ポイント10で紹介したおもちゃを使って遊んだりするほか、飼い主さんと一緒に遊べる幾つかの遊び方を紹介いたします。

トンネル遊び

狭い隙間が大好きです。長いトンネルを用意して、その中を行ったり来たりさせましょう。

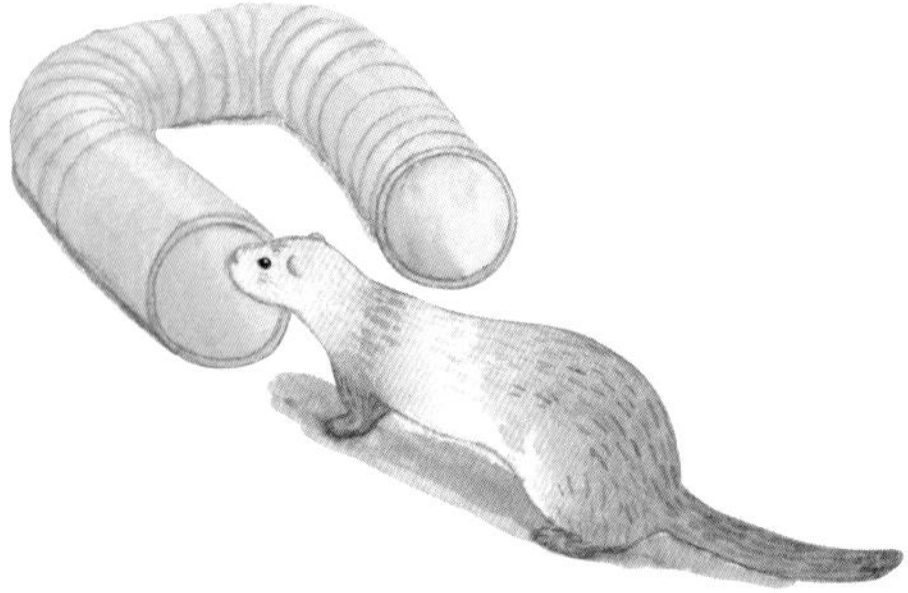

トンネルで遊ぶ

ボールのおもちゃを転がして遊ぶ

ボールを転がしたり投げたりすると動くものに反応して追いかけます。

ボールのおもちゃを転がして遊ぶ

ネコじゃらしで遊ぶ

フェレットは、自分でつかめるような小さな動くものに反応します。例えば、ネコじゃらし（のようなもの）に反応します。そこで飼い主さんが目の前でフリフリしてあげると、それを必死につかもうとしたり、噛みつこうとします。誤飲には注意してください。

ネコじゃらしで遊ぶ

引っ張りっこ遊び

ロープなどの長いひもやタオルなどの布を動かしながら見せるとかじりついてくるので、そのまま飼い主さんと引っ張りっこしましょう

引っ張りっこして遊ぶ

飼い主の体を登らせて遊ぶ

フェレットには自由に体を登らせましょう。

飼い主の体を登らせて遊ぶ

野外の散歩は安全対策が大事

野外で散歩させる必要はありませんが、散歩に連れて行くこともできます。その際に注意すべきことを知っておきましょう。

はじめに

フェレットは犬とは違い、散歩させなくても問題ない動物です。ですが、飼い主としては天気が良くて気持ちの良い日には一緒に外に出て散歩したいと思うでしょう。そこで散歩する際の注意すべきことを心得ておきましょう。

散歩の前にしておくこと

散歩にハーネスやリードを付けることは必須です。家の中でそれらを付けることに日頃から慣らしておきましょう。

さまざまな危険性

●拾い食いする

道に落ちている物を口にしてしまう危険性があります。それが有害な物かもしれませんので、くれぐれも目を離さないでください。

●害虫の付着

ノミやダニは普通に野外の環境中に存在します。散歩しているうちに被毛に付着してしまうこともあります。家に帰ったら必ずブラッシングをしながら付着していないかを確かめましょう。

●病気の感染

フェレット同士や犬や猫などの他の動物との遭遇には充分注意しましょう。何かの感染病を持っていないとは限りません。必ず一定の距離を保つようにしましょう。また、犬が多い場所にいて蚊に刺されれば、犬ジステンパーやフィラリア感染の危険性もあります。

●ケガをする

足裏に傷をつけてしまうなど、道路や公園などの地表には何が落ちているかわかりません。帰宅後は必ずフェレットに傷がないかを確かめましょう。

●熱中症

フェレットは体温調節がにがてです。したがって気温が上がる夏の昼間の外出は特に危険です。

●脱走する

首輪とリードだけで連れて行く場合、首輪が甘いとスルリと抜け出してしまいます。くれぐれも注意してください。

●事故に遭遇する

興味を持った物に一目散に突進していきますので、道路への飛び出しや交通量の多い場所は要注意です。

●見知らぬ人にケガをさせる

見知らぬ人には警戒して噛みつく心配があります。道行く人で関心を持って触ろうとする人には噛む危険性のあることを必ず伝えましょう。

季節や時間帯

●散歩の季節

夏以外でも、寒い冬の日も避けたほうが無難です。外出するのであれば気候が比較的穏やかな春や秋の日がベターです。

●外出する時間を考慮

夜行性という面を考慮すると、出るのであれば夕方に近いころが良いでしょう。

●散歩の場所

河川敷やペット可の公園など、できるだけ芝生や土の上を歩かせると良いでしょう。

飼い主の持ち物

犬の散歩と同様に、汚物を持ち帰るビニール袋やティッシュ、水分補給のための飲み水の入ったペットボトル、おやつなどを持って行きましょう。

人と動物の共通感染症

動物との接触で飼い主が気をつけなければならないことに「人獣共通感染症」があります。飼い主がこのことに配慮しなければならないことは「動物愛護と管理に関する法律」（コラム 2 参照）にも明記されています。

人獣共通感染症とは

同じ病原体が人と人以外の脊椎動物との間でうつる感染症のことで、ズーノーシスともいいます。「動物→人」というパターンだけではなく、「人→動物」ということもあります。

なお、世界保健機関（WHO）では、1975 年に「脊椎動物と人間の間で通常の状態で伝播しうる疾病（感染症）」と定義しています。

フェレットとの共通感染症

フェレットから人への感染の可能性があるのは、「狂犬病」、「皮膚糸状菌症」、「フィラリア症」（P112 参照）などです。逆に人からフェレットに感染する感染症に「インフルエンザ感染症」（P113 参照）があります。

狂犬病は、主に狂犬病ウイルスを保有するイヌやネコ、およびコウモリを含む野生動物に咬まれたり、引っ掻かれたりしてできた傷口から狂犬病ウイルスが侵入します。発症すると、発熱、頭痛、倦怠感などの症状から始まり、興奮や不安状態、錯乱・幻覚などを起こしてやがて死に至る危険な病気です。WHO の資料によると、発生状況としては、日本、イギリス、スカンジナビア半島の国々などの一部の地域を除いて、全世界で毎年 5 万人以上の人々が感染しています。

皮膚糸状菌症とは、真菌（カビ）の一種である皮膚糸状菌を原因菌とする皮膚病のことで、水虫やタムシと呼ばれます。フェレットに限らず、ハムスターやチンチラ、ミニウサギなども皮膚糸状菌を保有していることが多く、それらから人が感染するケースも多いです。

フィラリア症は、主に人が蚊に刺されて感染する病気ですが、犬糸状虫が病原体となっている場合には、人が影響を受けることはほとんどありません。感染してもほとんどの感染者は無症状ですが、寄生虫が移動して肺の中で死ぬと、せきや胸痛がみられることがあります。

インフルエンザ感染症は、人が発症すると、せき、発熱、のどの痛み、頭痛、関節痛、全身倦怠感などの症状が現れる病気です。毎年 11 月下旬頃から 12 月上旬頃に流行が始まります。このウイルスは、A 型、B 型、C 型に大別され、人の流行に関係があるのは A 型と B 型です。この中でフェレットに対して問題となるのはA型インフルエンザの感染です。その感染パターンは、フェレットから人ではなく、その多くが人からフェレットに感染します。流行時期は衛生管理に充分気をつけましょう。

第5章

高齢化、健康維持と病気・災害時などへの対処ほか

～大切なフェレットを守るポイント～

定期的に予防接種を受けさせよう

罹患したときに致死率が非常に高い「ジステンパー感染症予防ワクチン」は、接種を済ませておきましょう。

なぜワクチンの接種が必要か？

感染すると治療が大変困難な病気にジステンパー感染症（P110参照）があります。

日本ではフェレット専用のワクチンは認可されていないため、獣医師と同意のもと一般的に犬用の混合ワクチンを接種させます。

ワクチンの接種法と回数

フェレットは、海外のファームから輸入された個体が多いため、最初は海外で接種されているのが一般的です。生後6週齢～12週齢の時期に3回接種します（2回で済ます場合もある）。その後は、1年毎に追加接種を行います。

ワクチンの接種で注意すること

ワクチン接種は、100％安全ではないことを知っておきましょう。個体によってはアレルギー反応等の副作用反応が生じる場合があります。その出方としては、接種直後としばらく時間が経ってからの2通りあります。具体的には、呼吸が荒くなったり、立てなくなったり、意識を失ったり、そのほか

接種のスケジュール

接種の回数（ワクチンの種類）	接種の時期・その他
1回目	生後6週齢で、海外ファームでの接種（ショップに確認要）または、国内で繁殖させた場合には、国内ブリーダー（確認要）。
2回目	国内で生後8週齢以降に接種。
3回目	生後12週齢、または、前回から3～4週間後に接種。
2才以降	1年毎に追加接種。

には発熱や嘔吐、下痢などが起こります。命に係わるケースもありますので、緊急的な治療が必要になります。ワクチン接種後はしっかりと様子観察をする必要があります。

ワクチンの接種は早い時間帯に

副作用反応が接種直後に生じる場合には、通常、30分以内に生じます。ですので、接種後はすぐに帰らず、30分程度は動物病院内で様子を見ましょう。また、時間が経ってから生じる場合は、接種後4～5時間後である場合が多いです。

したがって、ワクチン接種は午前中、または午後の早い時間帯に済ませることをおすすめします。なぜならば、午後の遅い時間に接種させた場合、診療終了時間後に具合が悪くなったときにすぐに獣医が対応できなかったり、ましてやそれが夜間だった場合には、飼い主さんもその事態に気がつかなかったりする危険性があるからです。

Check!

ワクチン接種のタイミング

ワクチンの接種前後は、できるだけ安静を保った状態が望ましいです。

接種前後に、シャンプーなどでストレスを与えることや激しい運動を伴う遊びをするのは、副作用反応の発現リスクを高める可能性があります。ワクチン接種時は、体調の良い元気なときにすることをおすすめします。

ポイント 44

病気やケガの種類と症状を知っておこう

さまざまな病気やケガがあることが確認されています。何か様子が変だなと思ったら、動物病院で診てもらいましょう。

《目・耳・口の病気》

白内障

白内障とは目の中の水晶体が白く濁ってしまい、いずれ視力を失う病気のことです。

老化現象の一つとして知られている病気ですが、遺伝性の理由で、若いときになってしまうこともあります。

白内障の症状・治療

はじめは部分的に目が白くなり、だんだんと水晶体全体に広がります。

白内障が進行すると最終的には失明してしまいます。

白内障の予防

完全に予防するのは困難ですが、後天的な白内障にならせないためには、栄養バランスの良い食事を与えましょう。また、目が白いことに気づいたら、できるだけ早く動物病院で診察を受けることをおすすめします。

耳ダニ症

耳ダニ症とは、ミミヒゼンダニが耳の内側の皮膚表面に寄生して起きる病気です。

耳ダニ症の症状・治療

無症状であることが多いです。しかし、感染症が進行すると真っ黒な耳アカが出ます。ダニに対するアレルギーを持つ個体は、炎症がひどくなって強いかゆみがあるため、しきりに耳を後肢でひっかいたり、頭を頻繁に振ったりするようになります。さらに、

炎症範囲が深部まで広がると、中耳炎や内耳炎にまで進行するおそれがあります。

治療は、定期的な駆除剤の投与が有効です。駆除剤には、外用、内服、注射があります。ダニを完全に駆除するまでには、1～2ヵ月かかる場合があります。

耳ダニ症の予防

耳ダニに感染している個体との接触を避けることが一番の予防です。また、飼っている個体がこの病気の場合は、フェレットが多く集まるイベントには連れて行ってはいけません。

治療後は、ケージ内や室内をまめに掃除し、落ちているダニやダニ卵を取り除くようにして再感染を防ぎましょう。

歯肉炎／歯周病

人間と同じように、フェレットも歯肉炎や歯周病にかかります。

フェレットは、一日に何度もエサを少量ずつ分けて食べます。したがって、常に口の中に食べかすが付着した状態にあり、歯垢が付きやすくなります。そして、そのまま放置しておくとそれが歯石となってやがて歯肉炎や歯周病の発症を引き起こすことになります。

完治するのに時間がかかり、治療に根気のいる病気なので、歯肉炎や歯周病にならないように注意しましょう。

歯肉炎／歯周病の症状・治療

食欲が無くなったり、エサをうまく食べることができなかったり、歯茎が腫れるなどの症状が出ます。

この症状が出たら、動物病院に行って診察してもらう必要があります。

歯肉炎／歯周病の予防

柔らかいエサを与えているのであれば、固いエサを与えましょう。そうすれば歯垢が付きにくくなります。また、歯磨きを習慣づけましょう。歯磨きは、単に汚れを取り除くだけでも効果的です。小さいうちから歯みがきを習慣化させると良いです。

《消化器系の病気》

腸閉塞／毛球症

腸閉塞とは、消化器系の働きが停滞し、腸に通過障害が起こることをいいます。フェレットの場合は、その圧倒的に多い原因は異物を飲み込んでしまうことによる閉塞です。

また、毛球症とは、毛づくろいで自分の被毛を飲み込むことが続き、やがて胃内に毛玉を作ることで起こります。フェレットは猫と違って毛玉を吐くことはほとんどありません。この症状が悪化すると腸閉塞につながります。

腸閉塞／毛球症の症状・治療

嘔吐、吐き気、食欲不振、小さくて水分量の少ない便が出る、便の量が減る、便が出ないといった症状がでます。部分的な閉塞では下痢をすることもあります。

また、腹部にガスが溜まって痛みがあるため、腹部を触られるのを嫌がるといった様子が見られることもあります。

そのまま放っておくと命を落としかねません。動物病院で早く診察を受けてください。

腸が完全に詰まっていない場合は、消化管運動を刺激させる促進剤や鎮痛剤、抗炎症剤などを投与します。完全に腸が閉じている場合は鎮痛剤を投与して外科手術を行って治療します。

腸閉塞／毛球症の予防

遊ばせる場に、フェレットが興味をもって噛んだり飲んだりしてしまうような物を置いておかないことが大切です。また、毛球症については、ラキサトーン®(毛玉除去剤）を定期的に与えると効果的です。

《泌尿器系の病気》

尿石症

尿石症とは、腎臓、膀胱、尿道などの泌尿器で結石ができる病気で、その原因は、尿に含まれるリン、カルシウム、マグネシウムなどのミネラル成分が結晶化する（結石になる）ことで起こります。そしてさまざまな症状を引き起こします。

尿がアルカリ性に傾くことででできるリン酸アンモニウムマグネシウム結石（ストラバイト結石）が特に多く見られることから、植物性タンパク質の多いエサや飲水量の減少などが主な原因であると考えられています。

そのほかには、細菌の尿路感染、遺伝的体質なども原因になることもあると考えられています。

尿石症の症状・治療

頻尿や尿もれ、血尿、発熱、食欲不振などが発現します。また、排尿しようとするがなかなか尿が出ない、あるいは、排尿時に痛くて鳴き声をあげるといった様子が見られることもあります。

特に緊急対応が必要なのは、全く尿が出ない状態（尿道閉塞）になることです。この状態になると、尿毒症や膀胱破裂を起こしてしまう危険性があり、一刻も早く動物病院で診てもらう必要があります。

治療法としては、尿道内の結石をカテーテル洗浄したり、結石の大きさや位置によっては外科手術での摘出などを行います。

また、結石溶解や結石形成予防のために食事療法も行ないます。なお、尿路感染が認められる場合には、止血剤や抗生物質などでの対症療法を同時に行います。

尿石症の予防

与えているドライフードの成分を見直し、もし植物性タンパク質が多く含まれているようであれば、動物性タンパク質が多いフードに切り換える。あるいは、動物性タンパク質を基本とした食事を与える。また、新鮮な水を多く飲める環境にする、飼育環境においてフェレットがストレスに感じることを除去する、といったことが予防になると考えられています。さらに、毎日の排尿の様子を含めた健康チェックを怠らず、尿検査などの定期的な検診を行うことも大切です。

《内分泌器系の病気》

副腎疾患

腎臓近くにある副腎という左右1対の小さな器官が腫瘍化または肥大化し、異常を起こした副腎から性ホルモン（エストロゲンなど）が過剰に分泌されることによってさまざまな症状を引き起こす病気です。発生の原因については、早すぎる避妊や去勢手術にあるとも考えられていますが、正確には判っていません。

副腎疾患の症状・治療

典型的な症状としては、臀部、尾などからの左右対称性の脱毛、皮膚のかゆみ、体重減少などです。特にメスでは外陰部の腫れ、乳頭の赤みなどが発現します。またそのほか、多飲多尿、貧血なども発症します。

治療法としては、病状に応じて内科的治療と外科的治療の2通りの方法があります。

副腎疾患は、本来は早期発見、早期摘出が望ましいのですが、病状の進行速度がゆっくりであるため、摘出を実施しない場合もあります。

また、副腎疾患に起因する症状の原因は疾患のある副腎から分泌される性ホルモンであるため、内科的治療はその性ホルモン分泌を抑制することが目的となります。

内科的治療に用いる薬剤は、酢酸リュープロレリンを皮下注射します。

副腎疾患の予防

現在、完全な予防法はありません。早期発見、早期治療が重要となりますので、前述のような症状が見られたら早めに動物病院で診てもらいましょう。

《寄生虫や細菌・ウイルス感染が原因の病気》

ジステンパー感染症

ジステンパー感染症とは、犬ジ

ステンパーウイルスに感染したことで、さまざまな症状が発症する病気です。このウイルスはイヌ科やイタチ科、アライグマ科の動物に感染します。

感染の主な原因は、ウイルスに汚染された尿や便に直接触れたり、罹患した個体からの飛沫を吸い込んだり、あるいは、罹患した個体からの眼や鼻からの滲出液（しんしゅつえき）に触れたりしたときに感染します。

一旦感染すると、フェレットにおける死亡率はほぼ100％の恐い感染症です。

ジステンパー感染症の症状・治療

感染して7～10日の潜伏ののちに発症します。症状は、発熱や食欲不振、粘度の高い鼻水や目ヤニが見られます。手足の裏の肉球が角化して硬くなります。また、水泡や紅斑などの皮膚炎も起こります。また、光を眩しがったり、まぶたが痙攣したり、咳などの呼吸器系の症状が見られるようになります。更に進行すると、眼球震盪（がんきゅうしんとう）などの中枢神経症状が現れてやがて死に至ります。

治療法は確立されていません。ただ、闘病中の生活の質を改善するために、抗生物質やインターフェロンの投与、点滴などの支持療法を行うことしかできません。

ジステンパー感染症の予防

ワクチンを接種することが唯一の予防策であり、他のフェレットにも感染させないための方法です。しかし、前述（ポイント43）のとおり接種にはリスクも伴うことを予め知ったうえで慎重に行いましょう。

ミンクアリューシャン病

ミンクアリューシャン病とは、パルボウイルスの感染によって起こる病気です。フェレットと同じイタチ科のミンクに感染することから名付けられました。

同ウイルスに感染しているフェレットからの唾液や尿、糞への接触によって感染します。

ミンクアリューシャン病の症状・治療

特徴としては、感染していても目立った症状が無いことも多く、慢性的に病状が進行します。その間、免疫力が低下し、ほかの病気にかかりやすくなります。また、症状がはっきり現れるのは感染後期です。症状としては、元気が無くなる、体重が減少する、また、下痢や黒色の便をする、そのほか、後ろ足に力が入らない、立てなくなる（後肢麻痺）などが見られます。

治療法は確立されていません。他の病気にかからないための予防や、感染したことで発現するさまざまな症状を改善する対症療法を行います。

ミンクアリューシャン病の予防

感染している動物の唾液や排せつ物などから感染するため、そのような動物にフェレットを近づけたり、飼い主さんがその個体のいるケージや体などに触って、飼育しているフェレットに感染させてしまわないように注意しましょう。また、定期的に血液検査を受けることなどを心がけましょう。

フィラリア症

フィラリア症は、「犬糸状虫症」とも呼ばれ、犬糸状虫（フィラリアの一種）という寄生虫が心臓や肺動脈に寄生することによって起こされる病気です。原因は、感染している動物の血液を吸った蚊に吸血されることにより感染します。感染すると重症になりやすく、治療も難しい病気です。

フィラリア症の症状・治療

元気が無くなる、疲れやすくなる、運動を嫌がる、頻繁に咳をするようになったり苦しそうに呼吸をするようになる、胸水・腹水がたまる、などの心不全の症状が見られます。

治療法としては、体が小さいフェレットでは、寄生したフィラリアを外科手術で駆除することは行われません。心不全症状を緩和する対症療法が中心となります。循環不全の症状が発現すれば、その解消のために血管拡張薬や強心剤などを用いたり、溜まった腹水や胸水を抜く処置が行なわれることもあります。

フィラリア症の予防

フィラリアの予防薬を投与することで、ほぼ確実に予防ができます。投与期間は蚊の発生期間となります。蚊が出始めた頃から投与を始め、蚊が出なくなって1ヶ月後まで毎月1回投与します。また、この時期、ベランダや庭などの家の内外で雨水が溜まったままの場所をつくらないことや、窓には網戸を使うなど、蚊が家の中に侵入して来ないような環境をつくることも大切です。

インフルエンザ感染症

インフルエンザ感染症とは、人間と同じインフルエンザウイルスに感染することにより発症する病気です。感染の原因は、感染した人間やフェレットの咳やくしゃみ、鼻水などを吸引したり触れたりしたときに起きます。体力のない幼齢期や老齢期では命に関わる病気です。また、人獣共通感染症（ズーノーシス）の一種でもあるため注意が必要です。

インフルエンザ感染症の症状・治療

目やに、鼻水、せき、くしゃみ、発熱などが症状として現れます。

治療法としては、体力の回復が何よりも大事です。そのため、充分な水分補給と温湿度管理、栄養管理を徹底して体力回復を促し、発熱や呼吸器症状に対しては、症状を緩和するために抗生剤や消炎剤、インターフェロンなどの投薬を行います。

インフルエンザ感染症の予防

感染している人間やフェレットに近づいたり、接触をさせないことです。

《その他の病気》

インスリノーマ

インスリノーマとは、膵臓にあるインスリンの分泌を司る細胞が腫瘍化し、過剰にインスリンが分泌されることで血糖値が下がってしまう病気です。主に4～5歳以上のフェレットに発症します。その発症の仕方は慢性と急性があり、個体によって違います。副腎腫瘍やリンパ腫などが併発していることも多くあります。

インスリノーマの症状・治療

症状としては、だるそうにして元気が無くなったり、体重が減少したりすることを始め、反応が鈍くぼんやりしていたり、多量のよだれを出していたりすることもあります。さらに進行すると、痙攣発作や昏睡状態になったり、場合によっては失明することもあります。

治療法としては、膵臓の腫瘍を除去する外科手術や低血糖を抑える薬などを用います。

インスリノーマの予防

インスリノーマを根本的に予防する方法はありません。

低血糖を起こさないための方法としては、空腹の時間を少なくすることが大切です。

熱中症

フェレットは体内に体温調節機能がなく、寒さには強くても暑さには弱い動物です。夏、気温が28℃を超えるような日は、室温を調整してあげる必要があります。

温度や湿度が高く、密閉された風通しの悪い場所では熱中症になる可能性があります。

熱中症の症状と治療

症状としては、ぐったり横たわっている、よろよろ歩く、呼吸が浅く早くなるなどがあります。熱中症の疑いがある場合は、ただちに動物病院に行ってください。

このとき、水で濡らしたタオルなどで全身を包み、水が飲める状態であれば新鮮な水を飲ませて、キャリーケースにはタオルで包んだ保冷剤を入れるといいでしょう。

症状が重い場合、命を落としてしまうことや、神経症状や腎不全など、致命的な後遺症が残ることもあります。

熱中症の予防

室内の温湿度管理をしっかりと行い、直射日光が当たる場所にケージ置かないようにしましょう。特に夏の時期はエアコンを24時間付け、扇風機と併用すると室内の空気を循環させるのに効果的です。

ケージの上下に保冷剤を置くのも有効ですが、下に敷く場合は冷たくなりすぎないように必ず逃げ場をつくりましょう。保冷剤は水滴が出ますので、タオルでしっかり巻いて使いましょう。また、新鮮な水を切らすことなく常に飲めるようにしてあげましょう。

リンパ腫

リンパ腫とは、白血球の一つであるリンパ球が癌化するリンパ球系細胞の腫瘍のことで、リンパ節や肝臓、骨髄、脾臓、胸腺、皮膚など体の多くの部位で発症します。その原因の詳細はわかっていませんが、遺伝的な要因などがあげられています。

リンパ腫の症状・治療

リンパ腫に侵された部位によって症状が異なります。元気が無くなったり、体重が減少したりすることを始め、リンパ節が腫れたり、胸部が侵されれば咳が出たり、苦しそうに呼吸していたり、腹部の場合には、嘔吐や下痢、排尿排便が困難になるなどの症状が見られます。また、その他の症状として後ろ足が麻痺することもあります。

治療法としては、症状の緩和と進行を抑えるための抗ガン剤投与が一般的ですが、完治は望めません。

リンパ腫の予防

早期発見により、ガンの進行を抑える治療が可能です。日頃から体をこまめに触って、しこりや腫れがないかのチェックを心がけましょう。症状が見られたら、早めに動物病院に行きましょう。

ポイント 45

病気やケガしたときには、温湿度管理・衛生面への配慮が最優先

日頃から細心の注意をしていたのにもかかわらず病気やケガすることもあります。そのようなときの対処法を知っておきましょう。

温湿度管理に充分注意

病気になると、たいていは健康なときよりも体温が下がってしまいます。

そのため、いつも以上に温湿度管理に注意してください。

夏の暑さ、冬の寒さ対策をしっかり行い、夏は陽ざしで急に室内温度が上がってしまうことはないか、冬は冷たい隙間風が入ってくる場所がないかなどに気を配りましょう。

フェレットが過ごしやすいように工夫しよう

排せつ物を片付けていないなど、ケージ内が汚れたままの状態にしておくと他の病気を引き起こしてしまう可能性があります。

ケージ内を清潔に保ち、フェレットが少しでも快適に過ごせるように配慮しましょう。

再び元気を取り戻すために寝ているフェレット

また、ケージを飼い主が観察しやすく、コミュニケーションが取りやすい場所に置くなど工夫をしましょう。

安静第一で

病気だからといってやたらと気にかけたり触ろうとしたりするとフェレットがストレスを感じてしまいます。

病気になったら、まずは安静にすることが第一です。

フェレットがしっかり休めるように様子を伺いながらも、なるべくそっとしておき、少しずつ声をかけてあげるといいかもしれません。

強制給餌のやり方

フェレットが病気でエサをあまり食べなくなった場合は、飼い主が強制給餌をする方法があります。

ドライフードをミルサー（食材を粉末状にする機械）で粉末にして、お湯でドロドロにします。そして、フェレットを抱き上げるか、タオルで巻いて保定し、シリンジで食事を少しずつゆっくり与えます。

お腹いっぱいになると食べなくなるので、そこで強制給餌を終わらせてください。

もう食べたがらないのに与えようとすると気管に入ってしまう恐れもあるので、充分に注意しましょう。

対策 薬を飲んでくれないときには

フェレットが薬を飲まない場合は、薬をヤギミルクやフェレットバイト、おやつなどに混ぜて入れるといいでしょう。

フェレットがどうしても薬を拒絶してしまう場合は動物病院に連れて行き、相談してください。

また、自己判断で薬を規定量以上に飲ませたり、途中でやめてしまったりせずに、獣医師の指示に従いましょう。

いざというときのために日頃からシリンジを用いて、練習しておくといいでしょう。

ポイント 46

動物病院を受診する際には運び方に注意

いざ病院に連れて行こうとするときの運び方には、注意すべきことがあります。予め知っておきましょう。

キャリーで持ち運ぶ際の注意点

動物病院に連れて行くときは、小型のキャリーを使用します。

移動する際には、振動が少ないようにするなど、できるだけフェレットの体に負担がかからないように工夫をしてください。

フェレットのストレスを軽減させるために、キャリーにカバーをつけたりバッグに入れたりしてできるだけ人目にさらさないようにしましょう。

また、病院に行く前に準備期間がある場合は、持ち運び用のキャリーに慣れさせるために、数日前から寝床として使用して、臭いをつけておくことをおすすめします。

移動用のベッド・ポーチの中にいるフェレット

キャリー内には給水ボトルを入れておこう

キャリーは、移動距離や待ち時間が長いことも考えて、フェレットがいつでも水を飲めるように、給水ボトルが設置できるタイプのものを使用しましょう。

また、排せつ物でフェレットの体が汚れないように、ペットシートを敷いておくといいでしょう。

外出時の気温などに気をつける

体が弱っているときには特に温度管理に気を配り、夏場は午前中や夕方など涼しい時間帯を選んで移動してください。冬場は日が出ている時間帯の方が安心です。

そして、夏にはタオルで包んだ保冷剤を、冬には使い捨てカイロをフェレットがいたずらしてしまわないように設置するといいでしょう。

病院で診察を受ける前の準備

フェレットの様子がいつもと違い、おかしいとわかったら写真や動画で様子を撮影し獣医師に見せましょう。またそのとき、糞を持って行くといいでしょう。やりとりがスムーズになります。

写真や動画は診察室で探すようなことにならないように、すぐに見せられる場所に保管しておきます。また、診察室に入ると慌ててしまって、症状や伝えたいことが充分に話せないこともあるため、不安に思っていることや気になることを事前にメモにまとめておきましょう。そして、最も診察して欲しいことを明確にして、説明できるようにしておいてください。また、獣医師の説明も大事なことはメモをとるようにしましょう。

Check!

移動の際の確認や気をつけたいこと

移動のストレスを減らすためにも、なるべく家の近くにある動物病院をかかりつけとすることをおすすめします。

車で向かう場合は、夏の車内は非常に熱くなるため、車内にフェレットを乗せる前にエアコンをかけて冷やしておくといいでしょう。冬は先に暖房で暖めておくといいでしょう。短時間でもフェレットを車内に置いたままにしないように注意しましょう。

電車やバスなどの公共交通機関を利用する際には、小動物を乗せても大丈夫か公式のホームページを確認しておきましょう。

ちなみに、JR東日本では、小犬、猫、鳩またはこれらに類する小動物（猛獣やへびの類を除く）で、

・長さ70センチ以内で、タテ・ヨコ・高さの合計が90センチ程度のケースに入れたもの・ケースと動物を合わせた重さが10キロ以内のもの（JR東日本のホームページより）

であれば、「手回品料金」290円（2021年6月現在）で、キャリーやケースに入れた動物と一緒に乗車することができます。

ラッシュ時は避けて、夏場は強いエアコンの送風に注意しましょう。逆に冬は暖房で電車内は熱くなるため、キャリー内の換気を心がけましょう。

信頼できる動物病院で定期的に健診を受けておこう

突発的な病気やケガに備えて、事前に通える動物病院を知り、定期的に健診を受けておきましょう。

フェレットはエキゾチックアニマル

フェレットはエキゾチックアニマルとして扱われます。

エキゾチックアニマルとは簡単にいうと犬や猫以外の動物全般のことを指し、ウサギやハムスター、亀、インコ、デグー、チンチラ、フクロモモンガなどもエキゾチックアニマルに該当します。フェレットもエキゾチックアニマルです。

動物病院によっては、犬猫のみを診療しているところも多いので、必ずエキゾチックアニマルを診療している動物病院を探してフェレットを連れて行きましょう。

また、該当する病院を見つけたら、念のために事前に病院に電話してフェレットを診察

ごあいさつ
診療案内
診療カレンダー
施設案内
アクセス
Dogs&Cats
うさぎの診療
ExoticAnimals
夜間診療
よくあるご質問
ペットホテル
マイクロチップ
動物健康保険
最新のお知らせ
院長ブログ
★求人情報
for Dogs, Cats & Exotic Animals
●●●動物病院
145-0071
東京都大田区田園調布2-1-3
Tel.03-5483-7676
Fax.03-5483-7656
●受付時間 8:40〜11:30 15:00〜18:30
●診療開始時間 9:00〜 16:00〜
●休診日 木曜日
■診療対象動物
犬、猫、ウサギ、ハリネズミ、フクロモモンガ、チンチラ、ハムスター、フェレット、モルモット、チンチラ、爬虫類、両生類。

その他エキゾチックアニマル全般。

…対象動物にない動物でも飼い主さまとのご協力のもと可能な限り対応したいと考えています。

お電話にてご相談ください。
※詳しくは「診療案内」のページを御覧ください。
■現在の待ち人数の状況が確認できます
QRコードからアクセスしてください。

URLからアクセスする場合はこちらをクリックしてください。

http://www.neconome.com/110547/
★更新情報、当院からのお知らせは「最新のお知らせ」を御覧下さい。
「診療カレンダー」にて休診日・院長不在等をご確認下さい。

E-Mail

動物病院のホームページからはさまざまな必要情報が得られる

してもらえるのかどうかや病気の症状を伝えて確認しておくといいでしょう。

フェレットを飼っている人に相談

フェレットをすでに飼育している人に、おすすめの動物病院やかかりつけの動物病院を聞くのもいいでしょう。

動物病院の雰囲気や対応、担当の先生の特徴など事前に有益な情報を収集できます。

インターネットで探す

インターネットで「フェレット　動物病院（地域名）」「エキゾチックアニマル　動物病院（地域名）」と入力し、家の近くにあるフェレットを診療してくれる動物病院を検索しましょう。

動物病院のホームページには、住所や電話番号、受付時間、病院の特徴、診療してもらえる動物についての情報が記載されています。

ペットショップや里親を募集した人に聞く

飼育しているフェレットをお迎えしたペットショップや里親を募集した人にフェレットを診療できるおすすめの動物病院を聞くのもいいでしょう。

同時に、夜間などの緊急時にも対応してもらえる病院を聞いておくと、なにかあったときもスムーズな対応ができます。

定期的に健康診断を受けよう

かかりつけの動物病院を決めたら、病気予防や健康維持のためにも、年に1度は健康診断を受けることをおすすめします。

健康診断には、ポイント18で紹介した日々の健康記録を持って行くといいでしょう。

健康診断では検便や触診、視診、歯の診察、腫れがないかなどを確認し、必要な場合はレントゲンや血液検査をすることもあります。

高齢になったら健康診断に行く回数を増やしましょう。

また、健康診断に行くことによって、獣医師に日頃から気になっていることや悩みを質問したり相談したりすることができます。

そうすると獣医師との信頼関係ができて、いざとなったときにも、かかりつけの獣医師のもとで納得ができる治療を受けられます。

できるかぎりストレスフリーな生活環境を整えよう

人と同じで、さまざまな機能が衰えていきます。特にこの時期を迎えるフェレットには、若いフェレット以上に手をかけてあげましょう。

ストレスフリーな生活を

前述のとおり、４歳あたりから老年期、シニアと呼ばれる年齢になります。シニアのフェレットを飼育する上で最も大切なことはストレスをなるべく感じさせないことです。

温湿度管理はもとより、飼育しているフェレットに合った食事、運動量を見極めて、できるかぎりストレスフリーな生活が送れるように、工夫してください。

また、次に説明するケージのレイアウトや食事内容を変更するとき、高齢の場合は急な変化にストレスを感じやすいので、必要であれば少しずつ行うようにしましょう。

ケージ内の配慮

給水ボトルやエサ入れは、フェレットが楽に届く位置や場所に付

寝る時間も長くなるシニアフェレット

けましょう。トイレは、場所が習慣となっているため、そのままの位置にしておくことが望ましいです。ケージの出入口は段差があるため、スロープをつけてあげると良いでしょう。

なお、いつもの寝床となっているハンモックですが、そこから落ちたときのために、床はクッションとなる寝床を置いておくと良いでしょう。

食事の工夫

歯で噛んで食べることが難しい場合や病気のときは、いつものドライフードをふやかしたり、柔らかいエサを与えたりしましょう。それらをまったく食べなくなったときは、粉末にして水で溶かした流動食を与える方法もあります。

フェレットが食べられなくなったら

自分でエサを食べられなくなってしまった場合は、飼い主の手でエサを与えましょう。

その際、主食のドライフード（柔らかくしたり流動食にしたりしたもの）も口にしなくなってしまった場合、何も食べなくなってしまうと死んでしまうので、何か食べられるものを食べさせてあげることが大事です。そのようなときは、例えば、そのフェレットが特に好きな食べ物をミルサーで流動食を作って与えるのも一つの手です。

対策

飼い主も無理せず、心身健康な状態を保てるように工夫しよう

飼育しているフェレットの介護をしていて、飼い主も落ち込んでしまったり不安定な気持ちになってしまったりすることもあるでしょう。

しかし、飼い主が精神的ストレスを抱え、病気になってしまったら、フェレットを看病することもできなくなってしまいます。

落ち込んだら誰かに愚痴を話したり、ときには友人・知人・家族にお世話を手伝ってもらったりして心身ともに健康に過ごせるように工夫するようにしましょう。

今はつらいかもしれませんが、愛情を込めて介護すれば、必ずフェレットにもそれが伝わることでしょう。

ポイント 49

災害時の対応

避難生活に必要なアイテム・ルートなどの準備は必須

いつなんどき襲ってくるかわからない自然災害。大切なフェレットを守るために防災対策をしておきましょう。

飼い主が自発的にフェレットを守ろう

日本は他の国に比べて地震や台風などの災害が多い国です。

災害時に備えて、フェレットと避難する方法を知っておきましょう。

まずは、事前に自分が住んでいる地域の避難場所を確認し、避難経路をチェックします。そして、人とフェレットの避難グッズを用意してください。

フェレットの避難グッズは最低でも1週間分ほど用意しておくことをおすすめします。

フェレットが好きな食べ物を把握しておこう

フェレットは、ストレスでまったく食べ物を食べなくなってしまうこともあります。

そうならないように、日頃からフェレットの好物をできるだけたくさん把握しておき、災害時には好物を与えて、しっかりと食事ができるようにしましょう。

日頃から防災訓練を行う

災害に備えて、日頃から何分でフェレットをキャリーに入れられて何分で家を出られるのか時間を測って、防災訓練を行うのもいいでしょう。

緊急時にフェレットを動物病院に連れて行くときの練習にもなりますし、いざというときにも慌てずに行動できるかもしれません。

避難用のキャリー

避難所で長時間過ごすことを考えると避難用キャリーはボトルをつけられるタイプで、フェレットが脱走しないような頑丈なものを選ぶといいでしょう。

また、万が一のことを考えてキャリーに連絡先を書いた名札を付けておきましょう。

対策

避難時の持ち物

すぐに持ち出せるように、以下の避難グッズを事前に用意しておくと、万が一のときでも安心です。

- □持ち出し用のキャリー
- □給水ボトル □ビニール袋
- □タオル □飼育日記
- □食料 (約 1 週間分)
- □飲み水 □ペットシーツ
- □毛球除去剤
- □使い捨て手袋
- □使い捨てカイロ、もしくは保冷剤（季節に合わせて）
- □新聞紙 □ウエットシート
- □動物病院の診察券

また、SNS などでフェレットの飼い主同士で連絡を取り合い、随時情報交換を行うといいでしょう。

お別れのあとをどのように弔うかを決めておこう

命の終わりは必ず来ます。その日を迎えるときのために、飼い主さんが心得ておくことがあります。

感謝の気持ちでさよならを

とても悲しいことですが、いつかは可愛いフェレットとさよならをいわなければいけない日が訪れます。

愛するフェレットが旅立つ日まで、後悔のないように愛情を持って接し、最後は感謝の気持ちを持って温かく見送りましょう。

フェレットも、天国から飼い主がいつまでも悲しんでいる姿を見るのよりも、幸せに過ごしている姿を見たいはずです。

また、万が一自分に何かが起きた場合を想定して、フェレットをどうするかを考えてノートに残しておきましょう。

フェレットを自宅の庭に埋める場合

自宅に庭がある場合は、庭に埋葬することができます。

ペット葬儀屋さん選びの心得

動物の火葬業者には基本的に法的規制がありません。ですので、以下の心得を基本とし、ペット葬儀屋さん選びは慎重に行うことが大切です。

その1 1社だけではなく複数の葬儀屋さんに見積もりを取ること

その2 見積もり依頼の際は、ペットの種類、大きさなどの必要情報を伝え、オプション料金を含めた総額を書面で確認すること

その3 知人に経験者がいれば相談すること

その4 お寺などがある場合は、生前に一度は足を運んでおくこと

なるべく40㎝以上の深い穴を掘って充分な量の土をかけます。

穴の深さが浅い場合は何かの拍子で出てきてしまったり、他の野生動物が臭いを嗅いで掘り出してしまったりする可能性があるので注意しましょう。

葬儀をお願いする場合

ペット葬儀屋さんに火葬をお願いする場合は、複数のペットと一緒に火葬を行う合同葬儀、単独で火葬を行う個別葬儀、飼い主や家族が祭壇の前で最後のお別れをして火葬を行う立ち会い葬儀などさまざまな種類があります。

ペット葬儀屋さんとよく相談して、気になることがあったらすぐに確認してください。

そして、自分の気持ちや予算をよく考えて葬儀の種類を決めるようにしましょう。

亡くなる前の経緯や病気の症状を報告しよう

もしかかりつけの動物病院があったら、亡くなる前の経緯や病気の状態を記録して、かかりつけの獣医師に報告しましょう。

また、亡くなる前の状況をSNSなどで多くの人に共有してみてください。

それが同じような病気や症状を持つフェレットを助けられる貴重な手掛かりになるかもしれません。

Check!

ペット葬儀屋さんにお願いする前に確認したいこと

フェレットの火葬をペット葬儀屋さんにお願いする前に下記のことを確認しておきましょう。

- □ホームページ上で過去にフェレットを火葬した実績があるかを確認
- □ペット葬儀屋さんの口コミ情報
- □火葬代にお迎え費用（出張費）は含まれるか否か
- □土日祝も対応してもらえるのか？　追加料金は必要か？
- □葬儀後にかかる費用はあるのか？

<制作スタッフ>

■編集・制作プロデュース / 有限会社イー・プランニング
■ DTP・本文デザイン / 小山弘子
■イラスト / 田渕愛子
■カメラ / 上林徳寛
■撮影協力 / インナー・シティ・ズー ノア
■写真提供 / 株式会社三晃商会、株式会社エヌ・シー

フェレット飼育バイブル
長く元気に暮らす　50のポイント

2021年　7月30日　　第1版・第1刷発行

監修者　田向　健一（たむかい　けんいち）
発行者　株式会社メイツユニバーサルコンテンツ
　　　　代表者　三渡　治
　　　　〒102-0093 東京都千代田区平河町一丁目1-8
印　刷　三松堂株式会社

編集長：折居かおる　副編集長：堀明研斗　企画担当：千代寧